药食两用植物栽培与病虫害防治技术

主编 岳 瑾 王俊伟 杨建国

中国农业科学技术出版社

图书在版编目（CIP）数据

药食两用植物栽培与病虫害防治技术 / 岳瑾，王俊伟，杨建国主编 . —北京：中国农业科学技术出版社，2021.2
ISBN 978-7-5116-5177-8

Ⅰ. ①药… Ⅱ. ①岳… ②王… ③杨… Ⅲ. ①药用植物 – 食用植物 – 栽培技术 ②药用植物 – 食用植物 – 病虫害防治 Ⅳ. ① S567 ② S435.67

中国版本图书馆 CIP 数据核字 (2021) 第 023973 号

责任编辑　张志花
责任校对　李向荣
责任印制　姜义伟　王思文

出 版 者　中国农业科学技术出版社
　　　　　北京市中关村南大街 12 号　　邮编：100081
电　　话　（010）82106636（编辑室）（010）82109702（发行部）
　　　　　（010）82109709（读者服务部）
传　　真　（010）82106631
网　　址　http://www.castp.cn
经 销 者　各地新华书店
印 刷 者　北京科信印刷有限公司
开　　本　170 mm×240 mm　1/16
印　　张　8
字　　数　145 千字
版　　次　2021 年 2 月第 1 版　2021 年 2 月第 1 次印刷
定　　价　59.80 元

《药食两用植物栽培与病虫害防治技术》

编　委　会

主　编　岳　瑾　　王俊伟　　杨建国

副主编　董　杰　　张金良　　袁志强　　乔　岩

　　　　张　涛　　郭书臣　　王福贤

编　委（按姓氏笔画排序）

　　　　马　萱　　马海凤　　王俊力　　王俊伟

　　　　王艳辉　　王福贤　　卢润刚　　乔　岩

　　　　刘　雪　　刘建春　　严文胜　　李婷婷

　　　　李聪晓　　杨　文　　杨伍群　　杨建国

　　　　杨建强　　谷培云　　张　涛　　张　超

　　　　张金良　　张胜菊　　张桂娟　　张群峰

　　　　岳　瑾　　袁志强　　郭书臣　　梁铁双

　　　　董　杰

前　言

我国地域广阔，自然环境条件优越，植物在自然界里广泛存在，品种也十分丰富，而药食两用植物就是重要一类植物资源。药食两用植物是指既可食用又能作为中药材防病治病的植物。药食两用植物不仅含有多种营养成分，风味独特，而且还具有保健和药用功效，日益受到人们的青睐。

我国在药食两用植物的利用方面具有悠久的历史，自古就有采集药食两用植物的习惯，诸多医学著作也将药食两用植物收录其中。近年来，随着生活质量的提升，人们更加注重饮食的健康，药食两用植物也逐渐成为大众饮食中的特色菜品。越来越多的人走入自然界，主动找寻并采集药食两用植物，但是自然界中的植物繁多，甚至有的植物对人体有毒害作用，由此，对于自然界中药食两用植物的野外识别就显得至关重要，准确的辨识能够保障采集及食用药食两用植物人员的安全与健康。与此同时，由于自然界中的药食两用植物季节性强、自然产出数量有限等原因，使得自然界中的采集量无法满足人们对药食两用植物日益增长的需求，因此，生产者开始规模化种植药食两用植物，药食两用植物的生长习性与栽培管理技术、病虫害防治技术等成了保障药食两用植物高产与生产安全的关键因素。绿水青山就是金山银山，在保护生态环境的基础上，充分开发药食两用植物的经济价值，是发展特色农业的重要途径，也是实现乡村振兴战略的有效实践。

编写本书的目的，是为了人们能够准确识别野外药食两用植物，保障野外采集药食两用植物的准确性与安全性，有利于促进药食两用植物资源的开发利用与规模化种植，提高经济价值，为生产者种植药食两用植物提供系统性的技术指导。

自然界中的药食两用植物种类丰富，由于篇幅有限，本书重点介绍了我国南北方较为常见的药食两用植物 27 种。全书一共 28 章，概述了药食两用植物的基本知识，系统介绍了 27 种药食两用植物的识别特点、生长习性、栽培技术要点、主要病虫害发生及防治要点等内容。书中配有药食两用植物的种、苗、植株、病虫害彩色图片110余幅,便于读者对照彩色图片和文字识别相应的药食两用植物及其发生的病虫害,并开展有效的针对性防治。本书通俗易懂,内容翔实,图文对照,实用性强。可供野外采集药食两用植物的人们参考使用,也可供规模化种植药食两用植物的生产者阅读学习。

　　本书编写中得到了周春江、陈君、丁万隆等诸位专家的支持和帮助,在此表达衷心的感谢!

编　者

2020 年 8 月

目　录

第一章　药食两用植物概述

一、药食两用植物的概念

药食两用植物是指既可食用又能作为中药材防病治病的植物。

二、药食两用植物的分类

1. 根据基本属性分类

药食两用植物根据基本属性可以分为木本类和草本类两类。木本类一般为多年生乔木、灌木，如香椿、槐花等；草本类多为一年生植物，如荠菜、马齿苋等。

2. 根据食用部位分类

药食两用植物根据食用部位可以分为食花类、食茎叶类、食果类、食块茎类等几种。食花类如黄花菜等；茎叶类品种较多，既有草本类植物也有木本类植物，如草本类的荠菜、木本类的香椿等；食果类较少，如榆钱；块茎类如黄精、玉竹。食用部位的划分也并不是绝对的，有些植物既可食茎叶也可食果实，既可食块茎也能食用嫩茎叶。

3. 根据生境分类

药食两用植物根据生境可以分为水生类和陆生类，水生类如水生豆瓣菜，陆生类如大部分的野菜品种。

4. 根据植物系统分类

药食两用植物根据植物系统分为高等植物类和低等植物类。

三、药食两用植物的安全性

药食两用植物大多数是安全的，但同时也具有食物、药物、毒物的多重性。这些药用功效与其食用时间、食用部位、食用方法等密切相关。因此，在栽培时要了解药食两用植物的特性，栽培那些营养价值高、实用性强的品种。食用时要严格遵照它的食用方法，不随意生食。

四、药食两用植物栽培与病虫害防治的意义

药食两用植物经过多年，甚至数百年、数千年食用而被证实对人体有益无害，适合普通人群长期食用，其营养丰富。药食两用植物不但有人体必需的糖、脂肪、蛋白质、维生素、无机盐、微量元素和食物纤维等营养物质，而且它的

营养成分，特别是其中的胡萝卜素、抗坏血酸和核黄素含量都高于常见的蔬菜，具有医疗保健价值，是佳味良药。

药食两用植物具有经济价值。随着人们保健意识的逐渐增强，许多以药食两用植物为原材料的特色餐饮——药膳应运而生。随着旅游热的到来，药食两用植物以其绿色无污染的食用特性也越来越受到重视。但同时也越来越多地暴露出药食两用植物资源利用等方面的一些问题。如药食两用植物在传统采集区过度采集，自然资源严重缺乏；季节性强，无法做到周年供应等。而这些问题的出现依靠野外采集已无法解决，药食两用植物的栽培与病虫害防治就变得越来越重要。通过药食两用植物栽培与病虫害防治可以保护自然资源，减少环境破坏，做到规模化生产，实现周年供应。

五、药食两用植物栽培的基本原理

1. 根据市场需求选择当地特色品种

药食两用植物的生长具有很强的地域性，已经成为地方特色饮食的组成部分。如贵州的蕺菜、宁夏的枸杞、江苏沛县的牛蒡已形成了药食两用植物的特色产业，随着旅游业、饮食业的快速发展，药食两用植物应该充分发挥地方特色，满足市场需求。

2. 适当引种外地优良品种

当本地品种不能满足市场需要时，就应该引进一些适口性强、经济效益好的其他优良品种。引种应本着气候相似性的原则，增加引种的成功率。

3. 根据药食两用植物特性及效益原则选择栽培方法

药食两用植物的栽培在兼顾其本身生长特性的同时，也要考虑其营养价值及食用价值，还要考虑到药食两用植物是作为鲜食上市还是加工出售等多方面因素。

六、药食两用植物引种驯化栽培的原则

1. 择优引种、精耕细作

由于药食两用植物原种往往是生长在较瘠薄的土质和恶劣的自然环境条件中，因此其根、茎、叶和果实都较不发达，品质粗糙。经过长期的品种选育，才获得了一些根部发达、茎较粗壮、叶片肥厚、果实膨大的优良品种。例如，野生蒲公英叶片小而稀疏，营养生长不完全，开花较早，叶片可食性较差，经过选育，出现了叶片较大，质地细嫩，叶片密集，食用性较强的优良品种。现在在市场上被人们所熟知的许多蔬菜也是由其野生种选育而来的。在我们选育药食两用植物品种时，应留意选择性状较优良的单株或群体。如口感香甜的，抗病性强的，或生长期短、产量高的，将其培育成人们喜爱的栽培植物新品种。

2. 开拓市场、循序渐进

药食两用植物的食用虽然有较为悠久的历史，但还是一种正在逐渐被人们所熟悉的特菜，早期的市场需求量不大，消费缓慢增长。因此，我们对药食两用植物品种的引种驯化，栽培生产应与之相适应。我们应该有重点地少量引种，然后进行宣传来引导消费，根据市场的需求不断调整栽培面积，做到以销定产，循序渐进。否则，盲目地进行大面积生产，将会导致产品积压，造成经济损失。

3. 设施栽培，周年供应

设施栽培具有良好的保温防寒及降温防热的性能，为药食两用植物的生长发育提供了适宜的环境条件，以度过寒冷或炎热的季节，如塑料大棚、日光温室、阳畦、荫棚等农业设施，都可对药食两用植物生长的小环境条件进行控制，异地引种，周年生产。

4. 配备贮藏加工设备，产销一体化

药食两用植物收获期较集中，为满足市场的需求，保持其原有风味，需进行一定的贮藏处理及必要的加工处理，以提高其附加值，保证周年均衡供应。

七、药食两用植物病虫害防治的策略与原则

药食两用植物病虫害综合防治的策略是坚持"预防为主，综合防治"的植保方针，以生物防治、物理防治等无害化防治为重点；以化学防治为辅助；以提高防效、节约成本、减轻为害为目标，把病虫为害损失控制在最小范围内。

第二章 荚果蕨 [*Matteuccia struthiopteris* (L.) Tod.]

第一节 荚果蕨的识别与生长习性

一、识别特点

荚果蕨（图 2-1、图 2-2）又名野鸡膀子、黄瓜香、荚果贯众、广东菜，为球子蕨科荚果蕨属植物，多年生草本，产于中国东北、华北、西北及西藏、云南等地，日本、朝鲜、北美洲及欧洲也有分布。荚果蕨植物体大型，株高 70 ~ 110 厘米，茎根状，短而直立，粗壮坚硬，深褐色，与叶柄基部密被鳞片，鳞片披针形。叶簇生，二型；营养叶（不育叶）叶片呈长圆状倒披针形，叶柄褐棕色，长 50 ~ 100 厘米，二回深羽裂，羽片互生或近对生，下部羽片向下缩短成小耳形，裂片边缘具波状圆齿或近全缘；孢子叶（能育叶）较营养叶短，具粗壮的长柄，一回羽状，羽片线形，向下反卷成有节的荚果状，深褐色，包被孢子囊群，孢子囊群圆形，成熟时连接成条形，囊群盖膜质，白色，成熟时破裂消失。荚果蕨食用、药用价值极高，营养叶幼嫩时口感鲜美、营养丰富，根状茎及叶柄残基可入药，为中药贯众，具有清热解毒、杀虫和止血等作用，可预防流感和乙脑等。

图 2-1 荚果蕨植株

图 2-2 荚果蕨叶片

二、生长习性

荚果蕨喜潮湿、冷凉的环境，适应范围较广，在地温 5 摄氏度以上开始生长，生长的最适温度为 15 ~ 20 摄氏度，在土壤质地疏松、有机质含量较高的地块生长较好，喜欢生长在针阔混交林下、灌木丛中及河边湿地等处。

第二节　荚果蕨的栽培技术要点

一、土壤准备

荚果蕨种植要选择土壤肥沃、地势平整、灌溉条件良好，具有一定郁闭度的地块，土壤适宜中性或微酸性，移栽前可施用有机肥、落叶堆肥、厩肥等，深翻 20～25 厘米，起垄或作畦种植。

二、繁殖方式

荚果蕨繁殖可选用地下根茎繁殖或孢子繁殖。地下根茎繁殖即利用荚果蕨的簇生根及横走茎繁殖。孢子繁殖即在孢子开始成熟时，采取孢子囊黄褐色的叶片，放入纸袋中收集孢子风干待用。

三、栽培技术要点

1. 育苗

利用孢子育苗可选用粉碎细筛的草炭土或森林棕色砂壤土作为基质，在室内或温箱条件下播种孢子，播种孢子时，可将孢子粉均匀撒于土面上，不覆土，喷淋少量水使孢子粉与土接触，随后覆盖塑料薄膜，土壤湿度宜控制在85%～90%，孢子萌发温度要求高于 15 摄氏度，在 30 摄氏度左右原叶体形成最快。在孢子体长出 3～4 片叶后可进行移栽，宜首选移栽到室外，小苗长大后再室外定植。

2. 移栽

荚果蕨春秋均可移栽，以春栽为好，植物成活率高、生长势好。要选择健壮植株，连根带土移栽，要确保根茎完整，按照行距 10 厘米，株距 20 厘米定植。

四、肥水管理要点

荚果蕨栽培过程中要及时除草，保持土壤湿度，在每次采收后 2～3 天可追加有机肥 1 次。在早春嫩芽未萌动前要及时去除枯枝、死叶，追肥浇水，促进茎叶生长，春季分株移栽也要赶在嫩叶展开前进行。入夏后，要注意浇水保持空气、土壤湿度，条件允许下，仍需提供肥料，在雨季要加强排水以避免根部腐烂。入冬后要对荚果蕨进行覆盖保湿防寒，覆盖可选用干枯杂草。

第三节　荚果蕨的主要病虫害防治要点

一、病害防治

1. 常见病害

灰霉病（图 2-3）属低温高湿型真菌性病害，温度 20～25 摄氏度、湿度持续 90% 以上时为病害高发期，主要为害茎和叶片，发病时受害部分先出现水

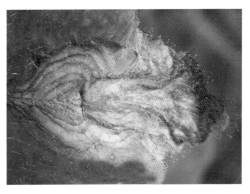

图 2-3　灰霉病症状

溃状斑块，后变褐腐烂。病情严重时，整个植株黄化、枯死。灰霉病是典型的气传病害，病原可随空气、水流、农事活动而扩散传播，病菌以菌核在土壤或病残体中越冬越夏。

2. 防治方法

一是合理密植，要确保植株间留有足够的间距，确保空气流通；

二是及时清除田间病株、残体，及时烧毁；

三是合理供肥，适当增加磷钾肥使用，控制氮肥用量；

四是药剂防治：于灰霉病发病前或发病初期，使用50%异菌脲可湿性粉剂，每亩用75～100克进行喷雾，间隔7～10天连续施药2次；或使用50%多菌灵可湿性粉剂，每亩用100～150克进行喷雾，间隔10天施药1次，每季作物最多使用2次。

二、虫害防治

1. 常见虫害

荚果蕨的常见虫害是鼠妇（图2-4），又称潮虫，别名为西瓜虫，体型

图2-4 鼠妇

扁平，较长，不光滑有疣突，具咀嚼式口器，取食嫩根，以及地上部的幼嫩茎叶，茎秆常被取食成大小不同的孔洞。

2. 防治方法

一是禁止施用未腐熟的有机肥；

二是药剂防治：在地面及植株上，使用25%喹硫磷乳油，750～1 000倍液进行喷雾，间隔5～7天连续施药2～3次，每季作物最多使用3次。

第三章 蕺菜（*Houttuynia cordata* Thunb.）

第一节 蕺菜的识别与生长习性

一、识别特点

蕺菜（图3-1、图3-2）是三白草科蕺菜属植物，又名折耳根、鱼腥草、截儿根、猪鼻拱、狗贴耳等，茎叶具腥味，草本，广泛分布在我国南方各省、西北、华北部分地区。蕺菜全株分为地上、地下两个部分，地上部茎高30～50厘米，红色或白色。地下部伏地，又称变态茎，节上轮生小根。蕺菜叶薄，互生，纸质，心形或宽卵形，具细腺点，叶脉放射状，略有茸毛，叶柄呈披针形，托叶膜质。花序穗状，位于茎上端，花小而密，白色，两性，无花被，总苞片长圆形或倒卵形，雄蕊3枚，长于子房，花丝细长，蒴果壶形，顶端开裂，花期通常在4—7月，果期6—9月。蕺菜根、茎、叶、种子均可入药，具有抗菌、抗病毒、提高人体免疫力等功效。

图3-1 蕺菜植株

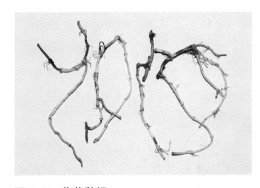

图3-2 蕺菜种根

二、生长习性

蕺菜喜湿，耐瘠薄，忌干旱、强光，常生于潮湿林下、田埂、沟渠路边，对环境耐受力较强，地下部在0摄氏度以上即可越冬，在林木密度过大或光照过强地块生长会受到影响。

第二节 蕺菜的栽培技术要点

一、土壤准备

种植蕺菜应选在土壤肥沃，排灌良好的地块，土壤以砂质或腐殖质壤土为宜，不宜采用黏土或碱性土壤种植。栽培田可以每亩①施用农家肥4 000 ～ 5 000千克或有机肥500 ～ 1 000千克做底肥，起畦的宽度为1.5米左右，高20 ～ 30厘米，沟底宽20厘米。

二、繁殖方式

蕺菜可使用种子进行有性繁殖，也可采取扦插、分株、根茎等无性繁殖方式。

1. 扦插繁殖

扦插繁殖可选取粗壮、无病的地上枝条或地下根状茎，剪成12 ～ 15厘米，带3 ～ 4个节的插条，用500毫克/千克的生根粉浸泡10秒后，按照10厘米 ×14厘米株行距依次插入砂质苗床中，搭棚遮阴，土壤湿度应控制在90%以上，插条生根长叶10 ～ 15天后可移栽到大田。

2. 分株繁殖

分株繁殖选在3月中旬至4月上旬，将蕺菜母株分株移栽于苗床或大田，株行距控制在14厘米 ×20厘米。

3. 根茎繁殖

根茎繁殖是利用蕺菜横走的根茎进行繁殖，该方法是将根茎剪成5 ～ 7厘米，每段保留2 ～ 3个芽做种繁殖。

三、直播技术要点

蕺菜以春季和初夏播种较好，种子播种采用开浅沟撒播的方式，沟深度约5厘米，宽8 ～ 10厘米，行距20厘米，每亩播种量1.5 ～ 2千克，播后覆土1厘米左右，也可覆盖钙镁磷肥，更利于出苗。

四、肥水管理要点

蕺菜栽培中要保持土壤湿度，播种后及生长期要及时浇灌，有利于促进根茎生长，提高产量。蕺菜一年可收获3次以上，在每次收获3 ～ 5天后可追肥1次，每亩可选用尿素7 ～ 10千克或复合肥20千克。冬季，要将地上部茎叶割去，防止冻害。

第三节　蕺菜的主要病虫害防治要点

一、病害防治

1. 常见病害

蕺菜的常见病害有紫斑病、白绢病、根腐病等。在栽培过程中，通过加强水肥管理，多施有机肥及腐熟的农家肥可以增加植株的抗病、抗虫能力。

（1）紫斑病　病原菌是半知菌亚门链格孢属的一种真菌病害，常为害作物叶片、叶鞘和花茎。蕺菜感染紫斑病后，发病初期，呈淡紫色圆形病斑，略凹陷，潮湿时病斑可见黑色霉状物，并具明显黑色轮纹，几个病斑连成大斑后造成叶片干枯死亡。

（2）白绢病　白绢病又称菌核性根腐病和菌核性苗枯病，是一种由真菌引起的病害，通常为害蕺菜近地面的

①1亩 ≈ 667米²。

茎基部，受害植株茎基及根茎呈黄褐色至褐色，软腐状，地下茎病部有明显的白色绢状菌丝，植株叶片逐渐发黄萎蔫。

（3）根腐病　根腐病主要为害蕺菜植株的茎基和根基部位，受害后的植株叶片黄化萎蔫，茎基和根茎出现黄褐色至褐色软腐，能明显见到白色绢状菌丝，并且产生油菜籽状棕褐色菌核，有时还可见到菌丝层和菌核蔓延到病株周围的土壤表面。

2. 防治方法

（1）紫斑病　①及时清理残枝病叶，防治病源留种；②药剂防治：发病初期，使用43%氟菌·肟菌酯悬浮剂，每亩用20～30毫升进行喷雾，间隔7～10天施用1次，每季作物最多使用2次；或使用10%苯醚甲环唑水分散粒剂，每亩用药30～75克进行喷雾，每季作物最多使用3次。

（2）白绢病　①合理安排轮作，上茬作物以禾本科作物为宜；②及时清除病株并销毁；③播种前种植田用石灰水消毒；发病初期，使用60%氟胺·嘧菌酯水分散粒剂，每亩用30～60克进行茎基部喷雾，间隔7～10天施药1次，每季作物最多使用3次；或使用240克/升噻呋酰胺悬浮剂，每亩用45～60毫升进行茎基部喷雾，每季作物最多使用1次。

（3）根腐病　①水旱轮作；②选择健壮无病种苗；③播前每亩用50千克生石灰结合机耕进行土壤消毒，使用350克/升精甲霜灵种子处理乳剂进行拌种，每100千克种子使用40～80毫升，用水稀释至1～2升，将药浆与种子充分搅拌，直到药液均匀分布到种子表面，晾干；④药剂防治：使用60%铜钙·多菌灵可湿性粉剂500～600倍液于定植后20～30天进行灌根，15天左右第二次施药；⑤收获后及时清洁田园，将病株及地上杂物清除烧毁或深埋。

二、虫害防治

1. 常见虫害

蕺菜的虫害主要是小地老虎、红蜘蛛等。

（1）小地老虎　又名土蚕、地蚕，是一种为害严重的地下害虫。主要为害蕺菜幼叶、幼苗，低龄阶段一般多为害嫩叶，咬食成凹斑、孔洞或缺刻，3龄以后幼虫潜入土表，咬断根、地下茎或近地面嫩茎，为害严重时造成缺苗断垄。

（2）红蜘蛛（图3-3）俗称大蜘蛛、大龙、砂龙等，学名叶螨，夏季高温干旱时发生严重，主要以栖息于蕺菜叶背面吸食汁液，结成丝网，为害植株，常会造成叶面褪绿黄色斑点，严重时白色小点密布叶背面，叶片逐渐发黄变赤，植株早衰，严重影响植株产量。

图 3-3　红蜘蛛

2. 防治方法

（1）小地老虎　①播前，精细整地，及时清除田间地头杂草，消灭虫卵；②在春季成虫羽化盛期，在田间放置糖醋液（糖∶醋∶白酒∶水 = 6∶3∶1∶10）或安装黑光灯诱杀小地老虎；③药剂防治：使用 0.5% 联苯菊酯颗粒，每亩撒施1 200～2 000 克，每季作物最多使用 1 次，于直播或移栽前施药，施药后须浇水，保持一定的土壤墒情以利于有效成分的释放，杀灭地下害虫。

（2）红蜘蛛　①及时清除红蜘蛛密集叶片并销毁；②田间释放天敌捕食螨；③发生初期使用 73% 炔螨特乳油，每亩用 35～45 毫升进行喷雾，视红蜘蛛发生情况，间隔 7 天左右施药 1 次，可连续用药 2～3 次,每季作物最多使用 3 次。

第四章 银杏（*Ginkgo biloba* L.）

第一节 银杏的识别与生长习性

一、识别特点

银杏（图4-1、图4-2），又名白果、公孙树、鸭脚树等，分类上属于裸子植物银杏门，是一种落叶乔木，由于同门其他植物均已灭绝，因此，银杏也被称为植物界的"活化石"，银杏树一般寿命很长，因此，有"千年银杏"之称。银杏树一般可长到25 ～ 40米高，幼树树皮光滑，浅灰色，大树树皮呈灰褐色，具不规则裂纹。叶片互生，扇形，二分裂或全缘，叶脉和叶子平行，无中脉，叶柄细长。球花雌雄异株，单性，位于短枝顶端的鳞片状叶的腋内，簇生状，4月开花，10月成熟，种子具长梗，下垂，白色，常具纵棱。银杏树形优雅，适应性强，寿命较长，因此，被广泛用于城市绿化。银杏果营养丰富，富含核黄素、胡萝卜素、花青素、白果醇、白果酮、生物碱等，具有抑菌杀菌、祛痰止咳、抗涝抑虫、养生保健等功效，但银杏不宜过量食用，食用方式可采取炒食、烤食、煮食等方式。

图4-1 银杏植株

图4-2 银杏种子

二、生长习性

银杏喜阳，适于生长于水热优越的亚热带季风区，以土层深厚，中性或微酸土质生长最佳，耐旱，忌积水。

第二节 银杏的栽培技术要点

一、土壤准备

银杏属于深根性树种，育苗地要选在阳光充足、土壤肥沃、地势平坦、排灌良好的地块，土质以中性或偏酸的砂壤或壤土为宜。

二、繁殖方式

银杏可选用扦插繁殖、分株繁殖、嫁接繁殖、播种繁殖的方式。

1.扦插繁殖

可选用老枝或嫩枝扦插，老枝扦插适用于大面积繁殖，可在3—4月，选用1~2年生的优质枝条，剪成15~20厘米1段，生根粉浸泡1小时后扦插于苗床中，扦插后要浇足水，第二年春季用于移植。

2.分株繁殖

选用10~20年树木，清除周边土壤，剪取带须根的蘖条培养、繁殖。

3.嫁接繁殖

嫁接繁殖是栽培中最常见的一种繁殖方式，是在3—4月，选用优质植株做母株，挑选具有4个左右短枝的3~4年枝条做接穗嫁接在生长健壮的实生苗上。

4.播种繁殖

选用秋季采收的种子，去掉外种皮后，晒干，第二年播种。

三、栽培技术要点

银杏播种一般是在3—4月采用温床催芽的方法，选用向阳的平地，做成40厘米高的温床，底部铺盖10厘米的细沙，将种子与细沙按1∶4比例混匀后撒播，随后再覆盖5厘米的细沙，塑料薄膜覆盖苗床，苗床要注意保湿保温，种子发芽后即可播种。

四、肥水管理要点

水肥管理是银杏高产优质的重要基础，一般每年3次以上，采叶园在施足底肥的基础上，要多施氮肥，春季发芽后以叶面速效氮肥为主，秋冬季以施用有机肥为主。银杏喜湿怕涝，种植中要特别注意雨季的排水，防止茎腐烂病的发生。

第三节 银杏的主要病虫害防治要点

一、病害防治

1.常见病害

银杏病害主要有叶枯病、疫病、茎腐病等。

（1）叶枯病　银杏叶片感病后，初

期叶片先端局部变褐，随后逐渐扩展至整个先端部位，呈现褐色、红褐色病斑；病斑继续向叶基部延伸，呈暗褐色或灰褐色，直至叶片枯死、脱落。6—8月，病斑边缘呈波状，清晰明显，有时具黄色线带。9月间，当病斑边缘呈现水渍状渗透扩展时，其病斑交界处多半变得不明显。发病期，病斑上可见黑色或灰绿色毛绒状，或黑色小点。

（2）疫病 可为害幼嫩苗木或新梢的茎叶、嫁接口等部位，茎干发病，病斑初呈水浸状灰黑色病斑，病斑扩展一周后，病斑上部叶片青枯后发黄，茎干变黑干腐（图4-3）。叶片发病时，病斑自叶片边缘向内扩展至全叶，叶片萎蔫变黄。顶芽发病变黑枯死。该病常发生于4—6月，6月以后病情不再发展。

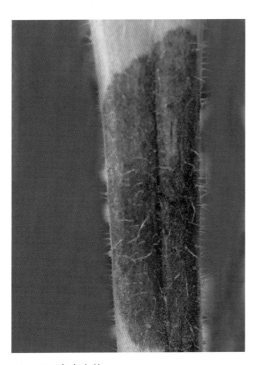

图4-3 疫病症状

（3）茎腐病 发病初期，茎基部近地处表皮及地下根部组织变褐，具水浸状病斑，病部包围茎基，向上部蔓延，导致整株枯死，此时叶片枯黄但不脱落。病害向根部蔓延，可至根部韧皮部变褐腐烂，病部着生灰白色菌丝体，拔苗时，可现根系皮层脱落。

2.防治方法

（1）叶枯病 ①加强水肥管理，多施有机肥；②药剂防治：发病初期，使用70%甲基硫菌灵可湿性粉剂，每亩用30~57克进行喷雾，每季作物最多使用2次；或使用37%苯醚甲环唑水分散粒剂，每亩用8~16克进行喷雾，施药间隔期为7~10天，每季作物最多使用2次。

（2）疫病 ①及时剪除病枝，并销毁；②药剂防治：发病前或发病初期，使用30%氟吡菌胺·甲霜灵水分散粒剂，每亩用40~80克进行喷雾，视病害发生情况可间隔7~10天再施药1次，每季作物最多施药2次。

（3）茎腐病 ①重点做好土壤和苗木消毒；②防止种植过程湿度过大；③药剂防治：在病害始发期，使用50%氯溴异氰尿酸可溶性粉剂，每亩用500~750倍液兑水50千克进行喷雾，视病情发生情况间隔10天左右施药1次，连施2~3次，每季作物最多使用3次。

二、虫害防治

1. 常见虫害

（1）蓟马（图4-4）　成虫橙黄色，触角暗黄色，发生时通过吸食嫩叶汁液，造成叶片失绿，呈白色小斑点，严重时，叶片皱缩，变硬，白枯早落。蓟马一般在5月开始为害，9月后虫量逐渐减少。

图4-4　蓟马

（2）超小卷叶蛾　老熟幼虫体长8～10毫米，灰白色，背有黑色毛斑2对。成虫翅展12毫米，黑褐色，触角丝状，该虫1年发生1代。

2. 防治方法

（1）蓟马　①及时清除田间地头杂草、葱蒜等寄主植物；②药剂防治：使用50%吡蚜酮可湿性粉剂，每亩用1 000～2 000倍液进行喷雾，每季作物最多使用1次；或使用10%吡虫啉可湿性粉剂，每亩用20～35克进行喷雾，间隔5～7天喷1次，每季作物最多使用3次。

（2）超小卷叶蛾　①剪除被害枝，并及时销毁；②药剂防治：卵孵盛期至低龄幼虫期使用4.5%高效氯氰菊酯乳油，每亩用2 250～3 000倍液进行喷雾，每季作物最多使用3次；虫量大时，使用25克/升溴氰菊酯乳油，每亩用1 500～2 500倍液进行喷雾，间隔7天再次施药，每季作物最多使用3次。

第五章　无花果（*Ficus carica* L.）

第一节　无花果的识别与生长习性

一、识别特点

无花果（图5-1、图5-2）是桑科榕属植物，是一种开花植物，主要生长在热带和温带地区。无花果高3～10米，树皮灰褐色，皮孔明显，叶互生，厚纸质，卵圆形，3～5裂，表明粗糙，背具短茸毛。叶柄粗壮，托叶卵状披针形。雌雄花异株。无花果果实又称"圣果""蜜果"，果实梨形，顶部下陷，成熟时紫红色或黄色，花期5—7月，果实味道鲜美，富含胡萝卜素、维生素C等多种易被人体吸收的营养物质，具有开胃、解毒、止痢、消炎、抗癌等功效，枝、叶、根、果均可入药。

图5-2　无花果种子

二、生长习性

无花果喜温暖湿润环境，耐贫瘠，耐旱，忌涝。

第二节　无花果的栽培技术要点

一、土壤准备

种植无花果时，应选用向阳，土壤肥沃、深厚，排灌良好的砂质或黏质土壤为宜。

二、繁殖方式

无花果枝条极易生根、成蘖，繁殖苗木可采用扦插、压条、分株等方式。

图5-1　无花果苗株

三、栽培技术要点

扦插繁殖是大规模繁殖无花果的主要方式,成活率较高。此方法是在3月,选用节间短,长30~50厘米,粗1~1.5厘米的枝条作为插穗,斜插入土中2/3,其余露土,扦插床以温润肥沃为宜,扦插枝条培养1年即可用于移栽,栽培距离一般在3~4米。

四、肥水管理要点

无花果生长对钙吸收量大,在施用基肥时,可用石灰增加土壤钙含量,无花果在1年内可于秋末冬初采取条沟施肥的方式,施用基肥1次,基肥以有机肥为主,追肥以果树生长状况而定,1年内最多7~8次,以早春及果实膨胀前为宜。无花果对水分需求较大,要注意浇灌与排水,地表水分不宜过多。

第三节　无花果的主要病虫害防治要点

一、病害防治

1. 常见病害

灰斑病　初侵染时形成圆形或近圆形灰色病斑,高温高湿下扩展迅速,成不规则形,叶片呈焦枯状,该病通常4—5月开始发病。

2. 防治方法

一是秋后及时清除病叶,消灭侵染源;

二是药剂防治:发病盛期前,使用30%肟菌·戊唑醇悬浮剂,每亩用40~50毫升进行喷雾,间隔7~10天施用1次,每季作物最多使用2次。

二、虫害防治

1. 常见虫害

桑天牛　体黑褐色,密生暗黄色茸毛,触角鞭形。无花果在生长期会散发特殊气味招致桑天牛的为害,此虫通过取食无花果果树的嫩枝皮造成为害。

2. 防治方法

一是施用白僵菌或释放寄生蜂防治;

二是对于发生过桑天牛为害的无花果,可在4—5月和9—10月,找到新鲜排粪口用铁丝向下反复抽插刺死幼虫;

三是药剂防治:在桑天牛羽化盛期使用40%噻虫啉悬浮剂,每亩用3 000~4 000倍液进行喷雾,每季作物最多用药2次。

第六章　马齿苋（*Portulaca oleracea* L.）

第一节　马齿苋的识别与生长习性

一、识别特点

马齿苋（图 6-1、图 6-2）又名长寿菜、五行草、长命菜、马蛇子菜、地马子菜等，分类上属于马齿苋属马齿苋科，为一年生肉质草本植物，在全国各地均有分布。马齿苋株高 10～30 厘米，全株无毛，伏地，多枝，淡绿色或带暗红色，叶互生，扁平，肥厚，肉质，倒卵形，似马齿状。叶柄粗短，偏红。花瓣小、黄色、无柄。种子小，黑色，具光泽。马齿苋是常见的野生蔬菜和药用植物，含有多种氨基酸、有机酸等，还含有香豆素、黄酮、强心苷等物质，具有消炎、解毒、降低血糖等功效。

图 6-2　马齿苋种子

二、生长习性

马齿苋耐旱、耐涝、耐阴、耐光照、耐热，喜肥水，适应性强，但不耐寒，生长适温为 23～27 摄氏度，在空气较干燥、土壤湿润的环境中生长旺盛。对光照要求不严格，强光、弱光下都能生长良好，遇连阴雨天气易徒长，光照太强易老化。马齿苋喜湿，以向阳肥沃的壤土或砂壤土栽培为好。生长期重施氮肥，钾肥次之。马齿苋抗病力强，生长势旺。

第二节　马齿苋的栽培技术要点

一、土壤准备

马齿苋的栽培田应选在地势平坦、排灌水方便的地块，前茬作物收获后，清除残留作物及田间杂草，进行翻地晒土。一般深翻土地 20～30 厘米。在翻

图 6-1　马齿苋植株

地前，先撒腐熟的有机肥，每亩施 2 000 千克。在翻地的同时，将肥料与土壤混匀，整地耙平，做成宽 1.3 ～ 1.5 米的平畦。使畦面达到平、松、软、细的要求，然后造墒播种。

二、繁殖方式

马齿苋主要有种子繁殖、扦插繁殖 2 种繁殖方式。

三、直播技术要点

一般采用直播方式，但是要想提早上市也可温室育苗，待外界湿度合适再定植于大田。马齿苋的种子细小，播种时为避免播种密度过大，可先将种子与其自身重 100 倍的细沙混匀后再进行播种。先在整好的畦内按 30 厘米的行距开沟，播幅 8 ～ 10 厘米，将拌好的种子均匀地撒入沟内。由于种子容易进入土壤的缝隙中，播后轻踏即可，无须特别覆土。如土壤湿度适宜，播后可不浇水，如土壤较干燥则可用喷壶喷水，水量不宜过大，以免土壤板结，造成出苗困难，缺苗断垄。马齿苋适应性较强，一年四季均可在亩用量为 0.15 ～ 0.20 千克。

四、栽培技术要点

1. 中耕除草

马齿苋的适应性较强。作为一种野菜，在最基本的生长条件具备后即可生长。为使其尽快缓苗生长，可在播种后、出苗前期或定植初期进行适当的中耕除草。一旦进入旺盛生长期，便可不必进行中耕除草，其他杂草也很难生存，而且几乎不受病虫为害。

2. 摘芽

进入现蕾期以后，若不留种，应及时摘除顶尖及花蕾，抑制其生殖生长，促进其营养生长，这样可连续采收新长出的嫩茎叶，直到霜冻地上部分生长能力减弱并开始枯死时停止采收。应特别注意作为菜用的马齿苋不可让其开花，一旦开花，便停止生长，茎叶也随之变老，为保持品质和产量，应把顶端部分摘掉促进其长出新的分枝。

3. 采收

马齿苋只在开花前才能保持其鲜嫩，新长出的小叶是最佳的食用部位，所以在早春未开花前可采食其全部的茎叶。

4. 控制生长

马齿苋具有野生性，如不加以控制则会无限制地蔓延开来，变成杂草，所以，每年春天马齿苋长出以后，应细心检查种植畦块周围的地方，如发现马齿苋幼苗应完全彻底拔除，以免为害其他作物。

五、肥水管理要点

栽培时为了提高产品的产量及品质，在进入生长旺盛期后，应适时追施一些速效氮肥。一般每月随水追肥 1 次，每亩施尿素 15 ～ 20 千克，特别是在采摘后，更应加强肥水管理，以促进新枝的发生。因为马齿苋的耐旱能力很强，一般情况下不用浇水，只在施肥或特别干旱时进行浇水。

第三节　马齿苋的主要病虫害防治要点

一、病害防治

1. 常见病害

（1）叶斑病　主要为害叶片。以菌丝体和分生孢子丛在病残体上越冬。受侵染叶片初期表面生有针尖大小褪绿或浅褐小斑点，边缘有褐色线形隆起。发病后期，在潮湿的条件下会长出灰色霉状物。

（2）白锈病（图6-3）　病菌以卵孢子在病叶上或土壤中及病残体上越冬。第二年春天条件适宜时萌发侵入马齿苋，发病后经过数天产生大量孢子囊，借雨水溅射传播进行再侵染，降雨量多、湿度大、发病重。叶片上生黄色斑块，边缘不明显，叶背面长出白色小疱，小疱破裂后散有白色粉末，即病原菌的孢子囊。

2. 防治方法

（1）叶斑病　①及时清洁田园卫生，将病残体带出田外进行烧毁；②合理肥水，及时清除田间积水，避免偏施氮肥，保证植株长势健壮；③药剂防治：发病初期，使用50%硫·多菌灵可湿性粉剂，每亩用160～240克进行喷雾，间隔7天喷药1次，连续3次；或使用75%百菌清可湿性粉剂，每亩用111～133克进行喷雾，根据天气条件和病情发展用药，间隔7～10天；每季作物最多使用3次。

（2）白锈病　①秋末及时清除病残体，集中深埋或烧毁，以减少初侵染源；②药剂防治：使用80%嘧菌酯水分散粒剂，每亩用12.5～20克进行喷雾，间隔7天施药1次，每季作物最多使用3次。

二、虫害防治

1. 常见虫害

蜗牛（图6-4）　俗称蜓蚰螺、水牛等，多在傍晚出来为害，白天潜伏。主要啃食马齿苋叶子，造成缺刻，残缺叶子，偶尔也啃食嫩茎。

2. 防治方法

使用74%速灭·硫酸铜可湿性粉剂，每亩用280～330克进行喷雾，每季作物最多使用3次；或使用1%食盐水喷洒消灭蜗牛。

图6-3　白锈病症状

图6-4　蜗牛

第七章　石竹（*Dianthus chinensis* L.）

第一节　石竹的识别与生长习性

一、识别特点

石竹（图7-1、图7-2），多年生草本，高30～50厘米，全株无毛，带粉绿色。茎由根茎生出，疏丛生，直立，上部分枝。叶片线状披针形，长3～5厘米，宽2～4毫米，顶端渐尖，基部稍狭，全缘或有细小齿，中脉较显。花单生枝端或数花集成聚伞花序；花梗长1～3厘米；苞片4，卵形，顶端长渐尖，长达花萼1/2以上，边缘膜质，有缘毛；花萼圆筒形，长15～25毫米，直径4～5毫米，有纵条纹，萼齿披针形，长约5毫米，直伸，顶端尖，有缘毛；花瓣长16～18毫米，瓣片倒卵状三角形，长13～15毫米，紫红色、粉红色、鲜红色或白色，顶缘不整齐齿裂，喉部有斑纹，疏生髯毛；雄蕊露出喉部外，花药蓝色；子房长圆形，花柱线形。蒴果圆筒形，包于宿存萼内，顶端4裂；种子黑色，扁圆形。花期5—6月，果期7—9月。

图7-1　石竹植株

图7-2　石竹种子

二、生长习性

其性耐寒、耐干旱，不耐酷暑，夏季多生长不良或枯萎，栽培时应注意遮阴降温；喜阳光充足、干燥，通风及凉爽湿润气候。要求肥沃、疏松、排水良好及含石灰质的壤土或砂壤土，忌水涝，喜肥。耐碱性土较好。

第二节　石竹的栽培技术要点

一、土壤准备

栽植地的土壤最好是砂质或半砂质

土壤，如遇黏土地段可进行掺沙改造，有利于排水和根系生长。一般只需要对15~20厘米深的土层进行翻耕，捡出石块、瓦砾，不需要将土过筛，将地块整平后即可栽种。如果遇有低洼地段，要做好排水设施，以保证植株正常生长。地块是否平整，是成坪后能否达到平整的关键。

二、繁殖方式

常用播种、扦插和分株繁殖。种子发芽最适温度为21~22摄氏度。播种繁殖一般在9月进行。播种于露地苗床，播后保持盆土湿润，播后5天即可出芽，10天左右即出苗，苗期生长适温10~20摄氏度；当苗长出4~5片叶时可移植，翌春开花。也可于9月露地直播或11—12月冷室盆播，第二年4月定植于露地。扦插繁殖在10月至第二年2月下旬到3月进行，枝叶茂盛期剪取嫩枝5~6厘米长作插条；插后15~20天生根。分株繁殖多在花后利用老株分株，可在秋季或早春进行。例如，可于4月分株，夏季注意排水，9月以后加强肥水管理，于10月初再次开花。

三、栽培技术要点

8月施足底肥，深耕细耙，平整打畦。当播种苗长出1~2片真叶时间苗，长出3~4片真叶时移栽。株距15厘米，行距20厘米。移栽后浇水，喷施新高脂膜，提高成活率。

1.分株栽种法

将整墩尖叶石竹分成直径5~6厘米的小墩。在栽种地挖出10~12厘米深的穴，将小墩种苗埋入穴中，埋深以枝叶高出地面三四厘米为好。回填土后将土壤和种苗压实即可，确保植株周边没有空隙。分株栽种法可大大降低栽种成本。

2.整墩栽种法

挖出与尖叶石竹根系大小相同深度的洞穴，将种苗的根部垂直放入洞穴中（要使根系舒展），回填土后将周边土壤和种苗压实即可。整墩栽种当时可达到成坪效果。

3.营养钵栽种法

营养钵栽种方法比较简单，将种在营养钵中的种苗移栽下地，栽后浇一遍水即可，不需要缓苗。

四、肥水管理要点

浇水应掌握不干不浇。当株高10厘米时再移栽1次。秋季播种的石竹，11—12月浇防冻水，第二年春天浇返青水。整个生长期要追肥2~3次腐熟的人粪尿或饼肥。要想多开花，可摘心，令其多分枝，必须及时摘除腋芽，减少养分消耗。石竹花修剪后可再次开花。

第三节　石竹的主要病虫害防治要点

一、病害防治

1.常见病害

（1）褐斑病（图7-3）　主要为害叶、花梗、茎。叶片染病初期为圆形斑点，边缘呈褐色环，略凸起渐向外扩展，有时病斑相互融合成片，使叶干枯，而在茎部发病则形成长条斑，在花梗发病则导致花朵黄化萎凋。有时病斑出现黑色霉层。

图7-4　发生在番茄上的疫病症状，与石竹疫病症状相似

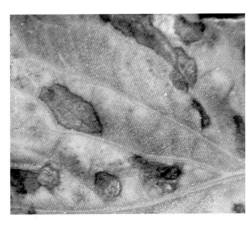

图7-3　发生在番茄上的褐斑病症状，与石竹褐斑病症状相似

（2）疫病（图7-4）　幼苗、成株均可发病，主茎和分枝病部初见水渍状，后渐变深，植株输导组织受损而植株枯死，有时出现倒伏。

（3）细菌性斑点病　发生于叶、花及茎。病斑中间灰褐色，呈长条状，周围褐色纹。有时湿度大时病斑出现白色液体。病斑间常融合成片，致叶片枯黄死亡。茎部亦逐渐干枯而死。

2.防治方法

（1）褐斑病　①控制介质及空气湿度，不要过高，加强通风透光。可于定植时浇以80%多菌灵可湿性粉剂1 000～1 200倍液预防；②药剂防治：发病初期使用50%异菌脲可湿性粉剂，每亩用1 000～1 500倍液进行喷雾，间隔7～10天施用1次，每季作物最多使用3次。

（2）疫病　①控制栽培环境湿度及通风透光，尽量以设施栽培，露地栽培宜避开雨季，或避免盆栽介质因雨水溅至茎、叶；②栽培介质使用前应彻底消毒；③药剂防治：使用500克/升氟吡菌酰胺·嘧霉胺悬浮剂，每亩用60～80毫升进行喷雾，每季作物最多使用3次；

或使用69%烯酰·锰锌可湿性粉剂，每亩用100～130克进行喷雾，间隔7天施药1次，每季作物最多使用3次。

（3）细菌性斑点病　①降低湿度，不要过度浇水，减少植株、叶片积水；②增强植株抗性，培育壮苗，不宜过度施用氮肥，以使植株抗病性减弱；③药剂防治：发病前或发病初期使用3%春雷素·多粘菌悬浮剂，每亩用60～120毫升进行喷雾，间隔7～14天再施药1次，每季作物最多使用2次。

二、虫害防治

1. 常见虫害

红蜘蛛　主要为害叶片。聚集在叶背面刺吸汁液，在石竹叶片上形成许多坑洞，严重时叶子脱落。6—8月天气干旱、高温低湿时发生最盛（图3-3）。

2. 防治方法

一是在越冬卵孵化前刮树皮并集中烧毁，刮皮后在树干涂白（石灰水）杀死大部分越冬卵；

二是根据红蜘蛛越冬卵孵化规律和孵化后首先在杂草上取食繁殖的习性，早春进行翻地，清除地面杂草，保持越冬卵孵化期间田间没有杂草，使红蜘蛛因找不到食物而死亡；

三是药剂防治：使用34%螺螨酯悬浮剂，每亩用6 000～7 000倍液进行喷雾，每季作物最多使用1次；或使用20%四螨嗪可湿性粉剂，每亩用2 000倍液进行喷雾，每季作物最多使用2次。

第八章　菘蓝（*Isatis indigotica* **Fortune**）

第一节　菘蓝的识别与生长习性

一、识别特点

十字花科植物菘蓝（图 8-1、图 8-2）的根称为板蓝根，叶称为大青叶，以根、叶入药。二年生草本，高40 ~ 100 厘米；茎直立，绿色，顶部多分枝，植株光滑无毛，带白粉霜。基生叶莲座状，长圆形至宽倒披针形，长5 ~ 15 厘米，宽 1.5 ~ 4 厘米，顶端钝或尖，基部渐狭，全缘或稍具波状齿，具柄；基生叶蓝绿色，长椭圆形或长圆状披针形，长 7 ~ 15 厘米，宽 1 ~ 4 厘米，基部叶耳不明显或为圆形。萼片宽卵形或宽披针形，长 2 ~ 2.5 毫米；花瓣黄白，宽楔形，长 3 ~ 4 毫米，顶端近平截，具短爪。短角果近长圆形，扁平，无毛，边缘有翅；果梗细长，微下垂。种子长圆形，长 3 ~ 3.5 毫米，淡褐色。花期 4—5 月，果期 5—6 月。

图 8-1　菘蓝植株

图 8-2　菘蓝种子

二、生长习性

喜湿暖环境，耐寒、怕涝，宜选排水良好、疏松肥沃的砂壤土。适应性很强，对自然环境和土壤要求不严，耐寒、喜温暖，是深根植物，宜种植在土壤深厚疏松肥沃的砂壤土，忌低洼地，易烂根，故雨季注意排水。

第二节　菘蓝的栽培技术要点

一、土壤准备

选肥沃的壤土，前茬收获后翻耕晒

地，越深越好，利于根的下伸、顺直、光滑、不分杈。每公顷施肥 450 ~ 600 千克，把基肥撒均匀后再翻耕一次，耙细整平作畦。备播种用。

二、繁殖方式

主要种子繁殖。

三、直播技术要点

分春播、夏播、秋播。春播 3 月下旬至 4 月上旬，夏播 5 月下旬至 6 月上旬，秋播在 8 月下旬至 9 月上旬，方法基本都相同。只是秋播在结冻前浇一次冻水，保护苗越冬，在做好的畦上按 23 ~ 26 厘米行距挖 4.5 厘米左右浅沟，种子均匀撒入沟内，覆土 0.6 ~ 1 厘米，每公顷播种量 22.5 ~ 30 千克。

四、栽培技术要点

1. 间苗

苗高 8 ~ 10 厘米时进行间苗，兼用生产可适当加大密度，按株距 3 厘米留苗。

2. 中耕除草

第一次结合间苗进行除草，以后视田间情况进行，保持田间无杂草。封垄后停止中耕除草。

五、肥水管理要点

施足底肥后，至第一次采叶基本不用追肥。每次采叶后追施 1 次复合肥，每亩用量为 10 ~ 15 千克，加尿素 5 ~ 8 千克，以促发新叶。播后遇干旱天气，应及时浇水，保持水分充足。雨水过多时，应及时清沟排水，防止田间积水。

第三节　菘蓝的主要病虫害防治要点

一、病害防治

1. 常见病害

（1）霜霉病（图 8-3）　主要为害叶片，其次是茎、花梗和种荚等。发病初期叶片上出现边界不明显的黄白色或黄色斑点，逐渐扩大，受叶脉限制，变成多角形或不规则形。后期病斑扩大变成褐色，叶色变黄，叶片干枯死亡。严重时植株外叶至内叶层层干枯。茎、花梗、花瓣、花萼以及荚果等局部或全部受害后褪色，上面长白色霜霉层，并能引起肥厚变形。严重被害的植株矮化，荚果细小弯曲，常未熟先裂或不结实。

图 8-3　白菜上的霜霉病症状，与菘蓝霜霉病症状相似

（2）菌核病（图8-4）　植株从苗期到成熟期均可发生，为害根、茎、叶。受害幼苗在茎基部产生水渍状褐色腐烂，引起成片死苗。植株茎部受害，通常在近地面黄弱叶片的叶柄与地表接触处首先发病，向上蔓延到茎部及分枝。病部水渍状，黄褐色，后变灰白色，组织软腐，易倒伏。茎内外长白色棉毛状菌丝层和黑色鼠粪状菌核。后期干燥的茎皮纤维如麻丝状。茎叶受害后，枝叶萎蔫，逐渐枯死。花梗产生灰白色斑，不能结实或籽粒瘪缩。

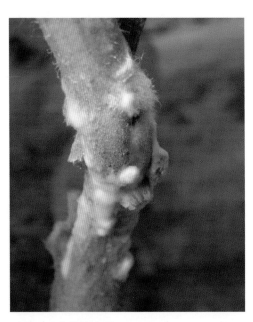

图8-4　菌核病症状

（3）根腐病　为害根部。被害植株，地下部侧根或细根首先发病，病根变褐色，后蔓延到主根，也有主根根尖感病后扩展至主根受害。根内维管束变黑褐色，向上可达茎及叶柄。以后，根的髓部发生湿腐，黑褐色，最后整个主根部

分变成黑褐色的表皮壳。皮壳内呈乱麻状的木质化纤维。根部发病后，地上部分枝叶发生萎蔫，逐渐由外向内枯死。

（4）黑斑病（图8-5）　主要为害叶片。在叶上产生圆形或近圆形病斑，灰褐色至褐色，有同心轮纹，周围常有褪绿晕圈。病斑较大，一般直径3～10毫米。病斑正面有黑褐色霉状物，即病原菌分生孢子梗和分生孢子。叶上病斑多时易变黄早枯。茎、花梗及种荚受害产生相似症状。

图8-5　黑斑病症状

（5）灰斑病　主要为害叶片。受害叶面产生细小圆形病斑，略凹陷。病斑边缘褐色，中心灰白色。病斑变薄发脆，易龟裂或穿孔。病斑直径2～6毫米，叶面生有褐色霉状物，即病原菌分生孢子梗和分生孢子。自老叶先发病，由下而上蔓延。后期，病斑可互相愈合，病叶枯黄而死。

（6）斑枯病（图8-6）　主要为害叶片。受害叶部产生直径1～2毫米的圆形、近圆形病斑。病斑边缘深褐色，隆起或微隆起，中部灰白色，其上产生稀

图 8-6　斑枯病症状

疏的小黑点，即病菌的分生孢子器。后期有些病斑组织脱落形成穿孔。

　　（7）炭疽病　主要为害叶片。叶部病斑圆形，直径 1~2 毫米，中央白色，半透明，边缘红褐色，病斑上微露小黑点，即病菌的分生孢子盘。后期病斑易穿孔。叶片上有时密布小圆斑，但通常并不致叶片干枯。茎、花梗及种荚受害后呈梭形、条红褐色下陷斑。

　　（8）病毒病（图 8-7）　叶面表现系统花叶、斑驳。严重时植株矮小，叶片扭曲，并伴有坏死斑块。

图 8-7　番茄上的病毒病症状，与菘蓝病毒病症状相似

2. 防治方法

　　（1）霜霉病　①选用抗病品种：日本引进菘蓝品种较为抗病，国内品种抗性较差，我国江苏草大青较河北草大青、浙江草大青抗病性略强；②耕作栽培措施：入冬前彻底清除田间病残体并烧掉，减少越冬菌源，与非十字花科植物轮作，因地制宜适当调整播种期，选择高燥地块育苗和栽植，低湿地可用高畦栽培，合理密植，增施肥料，适量浇水、注意通风透光等；③药剂防治：使用 58% 锰锌·甲霜灵可湿性粉剂，每亩用 150~188 克进行喷雾，每季作物最多使用 3 次；或使用 90% 三乙膦酸铝可溶性粉剂，每亩用 150~200 克进行喷雾，视病害发生情况，间隔 7 天左右施药 1 次，每季作物最多使用 3 次；或使用 74% 波尔多液水分散粒剂，每亩用 300~400 倍液进行喷雾，每季作物最多使用 4 次；或使用 65% 代森锌可湿性粉剂，每亩使用 200~307 克进行喷雾，间隔 7~10 天喷药 1 次，连续喷 2~3 次。

　　（2）菌核病　①耕作栽培措施：收获时应尽量不使病组织遗留在地面，收获后深耕，将菌核翻于土层下或淹水促进菌核腐烂，选择地势高燥、排水良好的田块栽种，种植不要过密，以保持株间通风透光，降低表面湿度，水旱轮作或与其他禾本科作物进行轮作，避免与十字花科作物轮作，避免过多施用氮肥，增施磷、钾肥，早施雷薹肥，可以促使花期茎秆健壮，提高抗病力，带有菌核的种子播种前应通过筛选、水洗等方法汰除混杂的菌核；②药剂防治：发病季节，使用25%嘧霉胺可湿性粉剂，每亩用90～150克进行喷雾，间隔7～10天用药1次，每季作物最多使用2次；或使用50%腐霉利可湿性粉剂，每亩用30～60克进行喷雾，每季作物最多使用2次。此外，还可用硫黄石灰粉［1：（20～30）］或草木灰石灰粉（1：3）撒施在植株中、下部及地面，也有一定作用；还可使用石灰氮（每亩20～30千克），在收获后翻入土壤中。

（3）根腐病 ①耕作栽培措施：选择地势高，排水畅通以及土层深厚的砂壤土种植，3年以上的轮作，合理施肥，适当施氮肥，增施磷、钾肥，提高植株抗病力；②药剂防治：病害初期或发病前施药，使用10亿个/克枯草芽孢杆菌可湿性粉剂，每亩用150～200克进行喷雾，间隔7～10天连续施药2次；或使用8%井冈霉素A水剂，每亩用400～500毫升进行喷淋或灌根，在病害发生初期开始施药，间隔7～10天后再施药1次，每季最多使用3次。

（4）黑斑病 ①耕作栽培措施：合理轮作，清洁田园，消灭越冬菌源，加强田间管理，增施磷、钾肥，提高抗病力；②药剂防治：发病初期，使用430克/升戊唑醇悬浮剂，每亩用19～23毫升进行喷雾，间隔7～10天施药1次，连续施用2次，每季作物最多使用2次；或使用4%嘧啶核苷类抗菌素水剂，每亩用400倍液进行喷雾，间隔7～10天施药1次，连续用药3～4次；或使用10%苯醚甲环唑水分散粒剂，每亩用30～45克进行喷雾，每季作物最多使用3次。

（5）灰斑病 ①轮作和清理田园：减少菌源，注意排水，降低土壤湿度；②药剂防治：发病初期，使用1.5%多抗霉素可湿性粉剂，每亩用75～300倍液进行喷雾，每季作物最多使用3次。

（6）斑枯病 ①加强田间管理：浇水适量，选晴天上午浇水，阴天不浇或少浇，栽植密度适当，保持通风透光，及时清沟排渍，及时剪除病叶深埋或烧毁；②药剂防治：使用10%苯醚甲环唑水分散粒剂，每亩用35～45克进行喷雾，发病前或初期使用，每季作物最多使用3次；或使用25%咪鲜胺乳油，每亩用50～70毫升进行喷雾，间隔7～10天施药，每季作物最多使用3次。

（7）炭疽病 ①耕作栽培措施：收获时认真清除病残组织，减少越冬菌源，与非十字华科植物轮作；②药剂防治：发病初期使用80%乙铝·福美双可湿性粉剂，每亩用600～800倍液进行喷雾，于发病前或初期用药，间隔7～10天，连续施药3次，每季作物最多使用3次；或使用25%溴菌腈可湿性粉剂，每亩用1 200～2 000倍液进行喷雾，每季作物最多使用3次；或使用25%咪鲜胺乳油，每亩用500～1 000倍液进行喷雾，每季最多使用1次。

（8）病毒病 ①治虫防病：蚜虫发

生期时，使用10%吡虫啉可湿性粉剂，每亩用20～30克进行喷雾，每季作物最多使用2次；或使用20%啶虫脒可溶液剂，每亩用8～10毫升进行喷雾，每季作物最多使用1次；或使用25%噻虫嗪水分散粒剂，于蚜虫发病初期每亩用6～8克进行喷雾，每季作物最多使用2次；②药剂防治：发病初期，使用1.5%吗胍·硫酸铜水剂，每亩用400～500毫升进行喷雾，每季作物最多使用3次；或使用20%丁子香酚水乳剂，在病毒病发病前或初期每亩用30～45毫升进行喷雾，连续施用2～3次，间隔7～10天施药1次，每季作物最多施药3次；或使用10%混合脂肪酸水乳剂，在幼苗期每亩用600～1 000毫升进行喷雾，每季作物最多使用2次；或使用50%氯溴异氰尿酸可溶性粉剂，每亩用45～60克进行喷雾，在病害始发期开始施药，视病情发生情况间隔10天左右施药1次，连施2～3次，每季作物最多使用3次。

图8-8　菜青虫幼虫

图8-9　菜青虫为害状

二、虫害防治

1. 常见虫害

（1）菜青虫（图8-8）成虫为白色粉蝶，通常产卵于菘蓝叶片上，幼虫咬食叶片，造成孔洞、缺刻，严重时仅留叶脉（图8-9）。

（2）潜叶蝇　寄生于叶片中，把叶片为害成不规则曲线，严重的整叶失绿（图8-10）。

图8-10　潜叶蝇为害症状

2.防治方法

（1）菜青虫　为害初期可使用 8 000 国际单位/微升苏云金杆菌悬浮剂，每亩用 200～300 毫升进行喷雾；或使用 90% 敌百虫可溶性粉剂，每亩用 80～120 克进行喷雾，每季作物最多使用 2 次。

（2）潜叶蝇　为害初期可用 1.8% 阿维菌素微乳剂，每亩用 30～40 毫升进行喷雾，每季作物最多使用 2 次；或使用 4.5% 高效氯氰菊酯乳油，每亩用 40～50 毫升进行喷雾，每季作物最多使用 3 次。

第九章　铁苋菜（*Acalypha australis* L.）

第一节　铁苋菜的识别与生长习性

一、识别特点

铁苋菜（图9-1、图9-2），全草黄绿色。茎粗壮，具深纵棱。叶多皱缩破碎，完整叶展平后三角状卵形或卵形，长4～15厘米，宽2～13厘米；边缘掌状浅裂或全缘。小花成团。胞果宿存膜质花被，灰绿色，顶端5裂。胞果果皮膜质，有白色斑点。种子扁圆形，直径2～3毫米，无光泽，表面具明显的圆形深洼或凹凸不平。气微，味微苦。

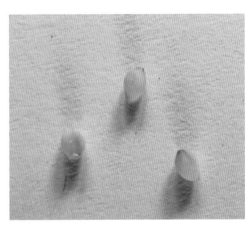

图9-2　铁苋菜种子

二、生长习性

铁苋菜喜温暖湿润的气候。怕干旱。以向阳、土壤肥沃的地块种植为宜。从春季到秋季都可栽培，在气温适宜，日照较长的春季栽培，抽薹迟，品质柔嫩，产量高。根据市场需求，也可在保护地中栽培，实现周年生产。

第二节　铁苋菜的栽培技术要点

一、土壤准备

铁苋菜对土壤要求不严格，但以偏碱性土壤生长良好；它具有一定的抗旱能力，在排水不良的田块生长较差。应选择地势平坦，排灌方便，杂草少的地

图9-1　铁苋菜植株

块，做平畦。铁苋菜的种子细小，所以整地时必须精细，做到地平、土细，以利出苗。由于铁苋菜喜肥，整地前要每亩施腐熟人粪尿 1 500 千克，然后做垄或畦。

二、繁殖方式

用种子繁殖。铁苋菜种子随生长期边生长边成熟脱落，一般于采收后植株晒干时收集种子，贮于冰箱和干燥器中。播前需用 1% ~ 2% 石灰水浸种 24 小时，捞起，清洗干净，晾干后播种。生产时一般采用种子直播，也可育苗后移栽。

三、直播技术要点

早春地温达 15 摄氏度时即可播种，用种量 12 千克/公顷，用 3 ~ 4 倍体积的细沙或草木灰拌匀后，按行距 25 厘米进行条播，均匀地撒在畦面，不用盖土，保持土壤湿润即可，7 ~ 10 天即可出苗。铁苋菜在南方一年可种植两季，选择春、秋两季进行播种，春季于 3—4 月、秋季于 9 月中下旬栽植。

四、栽培技术要点

播种可在温室内或室外进行，一般育苗天数约 30 天，以此确定播种期。用普通育苗床土作为播种床土，种子拌草木灰或细沙均匀地撒在苗床表面，播种量不超过 0.2 克/米^2，耙平表面使种子与土壤充分接触，保持土壤湿润，在室内时应保证充足的光照。待苗长到 5 ~ 6 叶（约 10 厘米）时选雨后移栽，按行、株距各约 25 厘米、每穴 2 ~ 3 株进行移栽，移栽前 5 ~ 7 天施 1% 清淡尿素水 1 次。移栽时不能太深，将根部盖严，苗能站稳即可。移栽时用黑地膜覆盖畦面，盖膜时将膜拉平，四周盖严，行、株距各约 25 厘米，破膜（挖洞）移栽，并用细土将膜孔封严，防止烧苗，严禁盖土埋心。

五、肥水管理要点

早春播种时出苗较晚，需 7 ~ 12 天出苗。当幼苗长到 2 片真叶时，可在 3 ~ 5 叶期进行第一次追肥，每亩追尿素 10 千克；12 天后进行第二次追肥，第一次采收后进行第三次追肥，以后每采收 1 次，追 1 次肥，每次追肥均施以氮肥为主的稀薄液肥，若施速效氮肥，可结合浇水进行。春播应少浇水。

第三节　铁苋菜的主要病虫害防治要点

一、病害防治

1. 常见病害

白锈病　主要为害叶片，发病初期在叶背面生稍隆起的白色近圆形至不规则形疱斑，即孢子堆。其表面略有光泽，有的一张叶片上疱斑多达几十个，成熟的疱斑表皮破裂，散出白色粉末状物，即病菌孢子囊。在叶正面则显现黄绿色边缘不明晰的不规则斑，有时交链孢菌在其上腐生，致病斑转呈黑色。种株的花梗和花器受害，致畸形弯曲肥大，其肉质茎也出现乳白色疱状斑，成为本病重要特征（图6-3）。

2. 防治方法

一是与非十字花科蔬菜进行隔年轮作；

二是收获后，清除田间病残体，以减少菌源；

三是药剂防治：发病初期使用50%嘧菌酯水分散粒剂，每亩用22～33克进行喷雾，每季最多使用1次，或使用45%苯并烯氟菌唑·嘧菌酯水分散粒剂，稀释1 700～2 500倍进行喷雾，两次喷雾间隔时间为7～10天，每季作物最多使用3次，连续使用次数不得超过2次。

二、虫害防治

1. 常见虫害

蚜虫（图9-3）常群集于叶片、嫩茎、花蕾、顶芽等部位，刺吸汁液，使叶片皱缩、卷曲、畸形，严重时引起枝叶枯萎甚至整株死亡。蚜虫分泌的蜜露还会诱发煤污病、病毒病并招来蚂蚁为害等。

图9-3 蚜虫

2. 防治方法

一是注意田间观察，及时发现，抓紧在发生高峰前及早防治；

二是清除田边杂草和邻田受蚜害的残老作物，减少入侵虫源；

三是药剂防治：选择内吸性好、兼备触杀和熏蒸作用的药剂轮换使用，使用25%啶虫脒乳油，每亩用10 000～15 000倍液进行喷雾，每季作物最多使用2次；或使用10%吡虫啉可湿性粉剂，每亩用15～25克进行喷雾，每季作物最多使用3次；或使用25%吡蚜酮可湿性粉剂，发生初期每亩用15～20克进行喷雾，每季作物最多使用1次；或使用50%抗蚜威可湿性粉剂，每亩用10～18克，于蚜虫始盛期进行叶面喷雾，每季作物最多使用3次。

第十章 刺五加 [*Eleutherococcus senticosus* (Rupr. & Maxim.) Maxim.*]

第一节 刺五加的识别与生长习性

一、识别特点

刺五加(图10-1、图10-2)为多年生落叶灌木,株高1~3米。根茎发达,呈不规则圆柱形,表面黄褐色或黑褐色。茎及根都具有特异香气。茎枝通常密生细长倒刺,有时少刺或无刺。叶

图10-1 刺五加植株

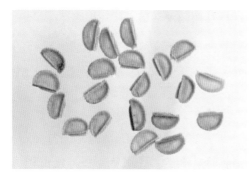

图10-2 刺五加种子

为掌状复叶,互生,叶柄有细刺或疏毛;小叶5枚,椭圆状倒卵形至长圆形,叶背面沿叶脉有淡褐色刺,边缘有锐尖重锯齿,小叶柄被褐色毛。伞形花序单个顶生或2~4个聚生,花多而密;花萼无毛,有不明显5齿或几乎无齿;花瓣5个,黄白色,卵形。核果浆果状,近球形或卵形,紫黑色,干后具明显5棱。种子4~5个,薄而扁,新月形。

二、生长习性

喜温暖湿润气候,耐寒、耐微荫蔽。宜选向阳、腐殖质层深厚、土壤微酸性的砂壤土。种子有胚后熟特性,种胚要经过形态后熟和生理后熟之后才能萌发。

第二节 刺五加的栽培技术要点

一、土壤准备

选择阳光充足、排灌方便,表土不易板结、通气保水性好、含腐殖质较高的肥沃土壤作苗床。每亩苗床先于地表均匀施用腐熟的鸡羊粪200千克或浓人粪尿400千克。翻入土内,晒垡10天后,再撒施复合肥5千克、尿素2千克做底

肥。肥土混匀耙平整细后作床，床高 15 厘米，长宽视地形和操作方便而定。

二、繁殖方式

用种子、扦插及分株繁殖。

1. 种子繁殖

9—10 月采收成熟果实，浸泡 1 ~ 2 天，搓去果皮，混拌 2 倍湿砂，在 20 摄氏度左右温度下催芽，每隔 7 ~ 10 天翻动 1 次，约 3 个月。待种子有 50% 左右裂口时，放在 2 摄氏度以下低温处贮藏，于第二年 4 月中旬，按 8 厘米 ×8 厘米等距播种，每穴 2 ~ 3 颗种子，覆土 2 厘米左右，盖 3 ~ 5 厘米厚树叶。5 月出苗，除去覆盖物，浇水保持湿润，生长 2 年后移栽。

2. 扦插繁殖

在 6 月中、下旬剪取半木质化嫩枝，留一片掌状复叶或将叶片剪去一半，将插条在 1×10^3 毫克 / 升吲哚丁酸溶液中蘸一下，促进生根。插床上覆盖薄膜或拾帘遮阳，每日浇水 1 ~ 2 次，约 20 天生根，去掉薄膜，生长 1 年后移栽，按行株距 2 米 ×2 米挖穴定植。

3. 分株繁殖

早春将分蘖株剪下，挖穴定植。

三、栽培技术要点

在种子不足，水利条件不好，干旱地区采用育苗移栽法。苗床应选择光照充足暖和的地方，施农家肥料，加适量

的过磷酸钙或者草木灰。4 月上旬畦内浇透水，待水渗下后播种，覆浅土 2 ~ 3 厘米，保持床面湿润，一周左右即出苗。苗齐后间过密的苗子，经常浇水除草，苗高 3 ~ 4 厘米，长出 4 对叶子时，麦收后选阴天或傍晚，栽在麦地里，栽植头一天，育苗地浇透水。做移栽时，根完全的易成活，随拔随栽。株距 30 厘米，开沟深 15 厘米，把苗排好，覆土，浇水或稀薄人畜粪尿，1 ~ 2 天后松土保墒。每公顷栽苗 15 万株左右，天气干旱 2 ~ 3 天浇 1 次水，以后减少浇水，进行蹲苗，使根部生长。将 20 ~ 30 厘米的种苗进行移植，选择山背阴坡，土质要肥沃、湿润。

四、肥水管理要点

在移植后进行遮阳，适当加以管理，成活后便不需特别管理了。中耕除草视土壤的干旱程度，肥力情况适当进行浇水施肥便可。播种后要经常浇水，并用草帘遮阳。一周后陆续出苗，苗出齐后，逐步撤去草帘，如苗多需要间苗，同时除苗松土。

第三节　刺五加的主要病虫害防治要点

一、病害防治

1. 常见病害

立枯病　主要为害幼苗茎基部或地下根部，初为椭圆形或不规则暗褐色病斑，病苗早期白天萎蔫，夜间恢复，病

部逐渐凹陷、缢缩，有的渐变为黑褐色，当病斑扩大绕茎一周时，最后干枯死亡，但不倒伏。轻病株仅见褐色凹陷病斑而不枯死。苗床湿度大时，病部可见不甚明显的淡褐色蛛丝状霉。

2. 防治方法

使用 80% 代森锌可湿性粉剂，每亩用 80 ~ 100 克进行喷雾，每季作物最多使用 3 次；或使用 36% 三氯异氰尿酸可湿性粉剂，每亩用 100 ~ 167 克进行喷雾，每季作物最多使用 3 次；或使用 30% 甲霜·噁霉灵水剂，每平方米 1 ~ 2 克进行喷雾，间隔 5 ~ 7 天再使用 1 次，每季作物最多使用 3 次，或使用 20% 甲基立枯磷乳油进行拌种。

二、虫害防治

1. 常见虫害

蚜虫（图 10-3）幼蚜、成蚜群集嫩梢、芽叶基部及叶背，吸食液汁，致使叶片发黄，植株枯萎，生长不良。

2. 防治方法

一是剪除枯干枝、衰老枝、病枝、畸形枝，确保树体长势健壮、枝繁叶茂。剪掉的树枝集中收集，进行焚烧或深埋处理，以避免疾病蔓延；

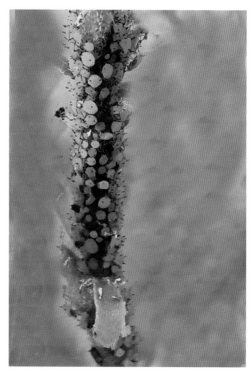

图 10-3　蚜虫

二是药剂防治：尽量少用广谱触杀剂，选用对天敌杀伤较小的、内吸和传导作用大的药物。使用 10% 吡虫啉可湿性粉剂，每亩用 15 ~ 25 克进行喷雾，每季作物最多使用 3 次；或使用 3% 啶虫脒乳油，在蚜虫始盛发期每亩用 40 ~ 50 克进行喷雾，每季作物最多使用 3 次；或使用 10% 醚菊酯水乳剂，每亩用 20 ~ 30 毫升进行喷雾，视虫害发生情况，间隔 7 天施药 1 次，可连续用药 1 ~ 2 次，每季作物最多使用 2 次。

第十一章　三七 ［*Panax notoginseng* (Burkill) F. H. Chen ex C. H. Chow ］

第一节　三七的识别与生长习性

一、识别特点

三七（图 11-1、图 11-2）为多年生草本，高达 30 ~ 60 厘米。根茎短，具有老茎残留痕迹；根粗壮肉质，倒圆锥形或短圆柱形，长 2 ~ 5 厘米，直径 1 ~ 3 厘米，有数条支根，外皮黄绿色至棕黄色。茎直立，近于圆柱形；光滑无毛，绿色或带多数紫色细纵条纹。掌状复叶，3 ~ 4 枚轮生于茎端；叶柄细长，表面无毛；小叶 3 ~ 7 枚；小叶片椭圆形至长圆状倒卵形，长 5 ~ 14 厘米，宽 2 ~ 5 厘米，中央数片较大，最下 2 片最小，先端长尖，基部近圆形或两侧不相称，边缘有细锯齿，齿端偶具小刺毛，表面沿脉有细刺毛，有时两面均近于无毛；具小叶柄。

图 11-2　三七种子

二、生长习性

三七对土壤要求不严，适应范围广，但过黏、过砂以及低洼易积水的地段不宜种植。忌连作。因此，选择中偏酸性砂壤土、排灌方便、具有一定坡度、10 年内未种过三七的地块，为最佳新开垦的生地。三七属喜阴植物。喜冬暖夏凉的环境，畏严寒酷热。三七对光敏感，喜斜射、散射、漫射光照，忌强光。生长要求一定的荫蔽条件。三七在夏季气温不超过 35 摄氏度，冬季气温不低于零下 5 摄氏度，均能生长，生长适宜温度 18 ~ 25 摄氏度。苗床土壤水分要求常年保持在 25% ~ 30%。土壤湿度低于 20%，三七植株会出现萎蔫；土壤湿度低于 15%，三七种子不会萌发。

图 11-1　三七植株

第二节 三七的栽培技术要点

一、土壤准备

宜选坡度在 5 度 ~ 15 度的排水良好的缓坡地，富含有机质的腐殖质土或砂壤土。农田地三七规模种植前作以玉米、花生或豆类为宜，切忌茄科作前作。地块选好，要休闲半年至一年，多次翻耕，深 15 ~ 20 厘米，促使土壤风化。有条件的地方，可在翻地前铺草烧土或每亩施石灰 100 千克，作土壤消毒。最后一次翻地每亩施充分腐熟的厩肥 5 000 千克，饼肥 50 千克，整平耕细，作畦，畦向南，畦宽 1.2 ~ 1.5 米，畦间距 50 ~ 150 厘米，畦长依地形而定，畦高 30 ~ 40 厘米，畦周用竹竿或木棍拦挡，以防畦土流坍，畦面呈瓦背形。

二、繁殖方式

用种子繁殖：每年 10—11 月，选 3 ~ 4 年生植株所结的饱满成熟变红果实，摘下，放入竹筛，搓去果皮，洗净，晾干表面水分。用新高脂膜 800 倍液浸种 10 分钟消毒处理（可与种衣剂混用），驱避地下病虫，隔离病毒感染，不影响萌发吸胀功能，加强呼吸强度，提高种子发芽率。三七种子干燥后易丧失生命力，因此，应随采随播或采用层积处理保存。

三、直播技术要点

用工具划印行，以行株距 6 厘米 ×5 厘米进行点播，播种后用菌土覆盖（菌土的制作：使用微生物菌肥 20 ~ 40 千克与干细土 50 ~ 60 千克混合均匀而成），畦面盖一层稻草，以保持畦面湿润和抑制杂草生长，每亩用种 7 万 ~ 10 万粒，折合果实 10 ~ 12 千克。如播种浇水后采取覆盖银灰色地膜的方法，可起到明显的增产和良好的保水节肥等效果。

四、栽培技术要点

苗期天棚透光度要根据不同季节的光照度变化加以调节。三七育苗一年后移栽，一般在 12 月至第二年 1 月移栽。要求边起苗、边选苗、边移栽。起根时，严防损伤根条和芽孢。选苗时要剔除病、伤、弱苗，并分级栽培。

三七苗根据根的大小和重量分三级：千条根重 2 千克以上的为一级；千条根重 1.5 ~ 2 千克的为二级；1.5 千克以下的为三级。

移栽行株距：一、二级为 18 厘米 ×（15 ~ 18）厘米；三级的为 15 厘米 ×15 厘米。种苗在栽前要进行消毒，用生根剂 600 倍液浸蘸根部，浸蘸后立即捞出晾干并及时栽种。

五、肥水管理要点

天气干旱时，应经常浇水，雨后及时排去积水，定期除草。苗期追肥通常追施 3 次，第一次在 3 月苗出齐后进行，后两次分别在 5 月、7 月进行，每次每亩随水追施"海状元 818"膏状海藻肥 8 千克加"海状元 818"海藻生根剂 500

克。三七追肥要掌握"多次少量"的原则。一般幼苗萌动出土后，撒施2~3次草木灰，每亩用50~100千克，以促进幼苗生长健壮。4—5月施一次"海状元"海藻有机无机复混肥（12-6-12）每亩用100~120千克加"海状元818"海藻微生物菌肥20~40千克，留种地块加施过磷酸钙15千克，以促进果实饱满。冬季清园后，每亩再施"海状元"海藻有机无机复混肥（12-6-12）120千克"海状元818"海藻微生物菌肥20~40千克。

第三节　三七的主要病虫害防治要点

一、病害防治

1. 常见病害

（1）根腐病　症状有6种：①黄腐型：植株矮小，叶片黄化，受害病根呈黄色干腐，常可见黄色纤维状或破麻袋片状的残留物；②干裂型：块根表面黄褐色，纵向开裂；③髓烂型：髓部组织先烂，干腐状，外壳相对完整，有时病部呈红褐色；④湿腐型：地上部明显通过茎秆扩展至块根，病块根呈湿腐状；⑤茎基干枯型：茎秆干枯，扩展至块根腐烂；⑥急性青枯病：地上部急性萎蔫，叶片下垂，叶色仍为绿色，病块根表面呈蜂窝状。

（2）黑斑病（图11-3）　最初呈椭圆形褐色病斑，然后病斑纵向和横向扩展，往往造成发病部位缢缩，最终病

图11-3　白菜上的黑斑病症状，与三七黑斑病症状相似

部折断，造成茎枯或花薹下垂枯萎死亡，到后期在病斑上可以看到明显黑色霉层。

（3）黄锈病　黄锈病为真菌性病害。为害叶片、芽、嫩枝等部位。发病初期，叶片正面出现黄绿色小点，以后逐渐扩大成橙黄色油渍状斑。病斑着生处的叶背面，生出黄色须状物，即为锈孢子器，锈孢子器破裂后，散出大量黄褐色粉末，即为锈孢子。

（4）炭疽病　苗期、成株期均可发病，苗期发病引起猝倒或顶枯。成株期发病主要为害叶、叶柄、茎及花果。叶片染病初生圆形或近圆形黄褐色病斑，边缘红褐色明显，后期病部易破裂穿孔。叶柄和茎染病生梭形黄褐色凹陷斑，造成叶柄盘曲或茎部扭曲。为害茎基造成整株倒伏或根茎腐烂。花梗、花盘染病出现花干、籽干现象。果实染病也生近圆形黄色凹陷斑，造成果实变褐腐烂。

（5）立枯病　多发于高湿低温季

节，为害幼苗基部，幼苗被害后，在叶柄基部出现水渍状黄褐色条斑，随着病情发展变暗褐色，后病部缢缩，幼苗折倒死亡；严重时，病斑深入到幼茎内部组织，病部折断，幼苗倒伏死亡。种子、种芽发病变黑褐色腐烂。

2. 防治方法

（1）根腐病　①认真做好选地、整地工作；②选择健康的种子、种苗。选择无病果留种和健康种苗，在播种或移栽前进行种子、种苗处理，使用350克/升精甲霜灵种子处理乳剂，药种比1:（1 250～2 500）进行拌种，水稀释至1～2升，将药浆与种子充分搅拌，直到药液均匀分布到种子表面，晾干后即可；或者使用1 000亿芽孢/克枯草芽孢杆菌可湿性粉剂，每亩用药20～25克喷淋茎基部；③合理灌水和施肥；④清洁田园，一旦发现病株，及时清除；⑤药剂防治：使用98%棉隆微粒剂，每亩用药20 000～25 000克或35%威百亩水剂，每亩用药4 000～6 000克进行土壤处理；病害初期或发病前施药，使用10亿个/克枯草芽孢杆菌可湿性粉剂，每亩用药150～200克进行喷雾，间隔7～10天，连续施药2次；或使用8%井冈霉素A水剂，每亩用药400～500毫升进行喷淋或灌根，在病害发生初期开始施药，间隔7～10天后再施药1次，每季最多使用3次。

（2）黑斑病　①严格选地：三七园一般宜选用生荒地，忌连作；②选用无病种苗，使用45%代森铵水剂200～400倍液或25%多菌灵可湿性粉剂800～1 000倍液浸种，可达到种苗消毒的目的；③加强田间管理，一旦发现病株，要及时清除。④药剂防治：使用80%代森锰锌可湿性粉剂，每亩用150～250克进行喷雾，每季作物最多使用2次；或使用10%多抗霉素可湿性粉剂，每亩用800～900倍液进行喷雾；在病害发生前或发生初期用药，间隔7～10天施药1次，每季作物最多使用3～4次；或使用10%苯醚甲环唑水分散粒剂，每亩用30～45克进行喷雾，每季作物最多使用3次。

（3）黄锈病　①疫区，应避免与转主寄主圆柏混栽；②苗圃清理及修剪，及时将病枝、病叶剪去，集中烧毁，以免传播；③苗圃近旁有圆柏植株，应喷洒1:2:100倍的波尔多液，杀灭圆柏枝叶上的锈病越冬孢子；④药剂防治：使用15%三唑酮可湿性粉剂，每亩用60～80克进行喷雾，每季作物最多使用2次；或使用12.5%烯唑醇可湿性粉剂，每亩用30～50克进行喷雾，每季作物最多使用2次；或使用250克/升丙环唑乳油，每亩用33毫升进行喷雾，每季作物最多使用2次。

（4）炭疽病　①冬季清洁田园，及时烧毁病残体；②采用配方施肥技术，施足腐熟有机肥，增施磷钾肥，提高抗病性；③种子处理，用43%福尔马林150倍浸泡种子10分钟，脱去软果皮后，使用25%络氨铜水剂，按药种比 1 ：（174 ~ 233）进行拌种，或使用 40% 拌种双可湿性粉剂 160 倍液进行浸种，防效优异；④提倡采用避雨栽培法，雨季用塑料膜遮盖荫棚顶部，防止雨水淋湿植株，发病率明显降低；⑤调补天棚或便用遮阳网控制透光度，三七幼苗期荫棚的透光度调节到 17% ~ 25% 为宜，2 ~ 4 年生以 20% ~ 35% 为宜。每年早春或秋末透光度可略高些；⑥药剂防治：在出苗期或雨季后及时使用 80% 代森锌可湿性粉剂，每亩用 80 ~ 100 克进行喷雾，视病害发生情况，间隔 7 天左右施药 1 次，可连续用药 2 ~ 3 次；或使用 75% 甲基托布津水分散粒剂，每亩用 55 ~ 80 克进行喷雾，间隔 7 ~ 10 天施药，每季作物最多使用 3 次；或使用 50% 多菌灵可湿性粉剂，每亩用 333 ~ 500 倍液进行喷雾，视病害发生情况，间隔 14 天左右施药 1 次，可连续用药 2 ~ 3 次，每季作物最多使用 3 次；或使用 25% 溴菌腈可湿性粉剂，每亩用 1 200 ~ 2 000 倍液进行喷雾，每季作物最多使用 3 次。

（5）立枯病　①结合整地用杂草进行烧土或每亩用 1 千克氯硝基苯作土壤消毒处理；②施用微生物菌肥、有机肥或充分腐熟的农家肥，增施磷钾肥，以促使幼苗生长健壮，增强抗病力；③使用 70% 敌磺钠可溶性粉剂，按照药种比 1 ：333 进行拌种；或使用 18% 吡唑醚菌酯悬浮种衣剂，每 100 千克种子使用 27 ~ 33 毫升进行种子包衣；④发现病株及时拔除，并用石灰消毒处理病穴，

使用 50% 异菌脲可湿性粉剂，每平方米使用 2 ~ 4 克进行泼浇；或使用 80% 代森锌可湿性粉剂，每亩用 80 ~ 100 克进行喷雾，每季作物最多使用 3 次。

二、虫害防治

1. 常见虫害

（1）蚜虫（图 11-4）　为害茎叶，使叶片皱缩，植株矮小，影响生长。

图 11-4　蚜虫

（2）红蜘蛛　群集于叶背吸取汁液，使其变黄、枯萎、脱落。以 6—10 月为害严重。花盘和果实受害后造成萎缩、干瘪（图 3-3）。

2. 防治方法

（1）蚜虫　使用 25% 啶虫脒乳油，每亩用 10 000 ~ 15 000 倍液进行喷雾，每季作物最多使用 2 次；或使用 25% 吡蚜酮可湿性粉剂，发生初期每亩用 15 ~ 20 克进行喷雾，每季作物最多使用 1 次。

（2）红蜘蛛　①清洁三七园；②34%螺螨酯悬浮剂，每亩用6 000～7 000倍液进行喷雾，每季作物最多使用1次；或使用15%哒螨灵乳油，每亩用2 000～3 000倍液在害螨盛孵期进行喷雾，每季作物最多使用2次；或使用1.8%阿维菌素乳油，每亩用3 000～3 500倍液进行喷雾，每季作物最多使用2次。

第十二章　藿香 [*Agastache rugosa* (Fisch. & C. A. Mey.) Kuntze]

第一节　藿香的识别与生长习性

一、识别特点

藿香（图 12-1、图 12-2）为唇形科多年生草本植物，茎直立，高 0.5～1.5 米，四棱形，粗达 7～8 毫米；叶心状卵形至长圆状披针形，向上渐小，先端尾状长渐尖，基部心形，稀平截，边缘具粗齿，纸质，上面橄榄绿色，近无毛，下面略淡，被微柔毛及点状腺体；花冠淡紫蓝色，长约 8 毫米，外被微柔毛，雄蕊伸出花冠，花柱与雄蕊近等长，丝状，花盘厚环状，子房裂片顶部具茸毛；成熟小坚果卵状长圆形，长约 1.8 毫米，宽约 1.1 毫米，腹面具棱，先端具短硬毛，褐色。花期 6—9 月，果期 9—11 月。

图 12-2　藿香种子

二、生长习性

喜高温、阳光充足环境，在荫蔽处生长欠佳，喜欢生长在湿润、多雨的环境，怕干旱，要求年降水量达 1 600 毫米以上。幼苗期喜雨，生长期喜湿度大的环境。雨量较少地区要注意灌溉。苗期喜阴，需搭棚或盖草，成株可在全光照下生长。根比较耐寒，在北方能越冬，第二年返青长出藿香；地上部不耐寒，霜降后大量落叶，逐渐枯死。对土壤要求不严，一般土壤均可生长，但以土层深厚肥沃而疏松的砂壤土或壤土为佳。怕积水，在易积水的低洼地种植，根部易腐烂而死亡。

图 12-1　藿香植株

第二节　藿香的栽培技术要点

一、土壤准备

苗床以选择排灌、管理方便、肥力中上的壤土或砂壤土地块为好；结合翻耕施腐熟厩肥 1 500 千克/亩做基肥；然后开沟敲细土垡，整成边沟1.5 米宽的龟背形苗床，用腐熟人粪尿500 千克/亩浇湿畦面，将种子拌细沙或草木灰均匀撒于畦面后，用细泥∶草木灰 =1∶0.5 的肥土覆盖约 1 厘米厚；最后在畦面上间隔约 80 厘米架成小拱形盖上薄膜保温育苗。一般每亩地块需要苗床 8 ~ 10 米^2、种子 0.15 ~ 0.18千克。

二、繁殖方式

藿香多用种子繁殖，当年播种，当年收获为新藿香，叶子多，叶片质量好。也可宿根繁殖（老藿香），是指留种的新藿香收过种子后，让其老根在原地越冬，第二年春新苗出土后移至大田而获全草。

三、直播技术要点

在整平耙细的畦面上进行穴播，按行株距 30 厘米 ×25 厘米挖穴，深 5 ~ 7厘米，挖松底土，施入适量的腐熟人畜粪尿湿润做基肥。然后，将种子拌草木灰，散开播入穴内，覆盖细碎的土杂肥。每亩用种量 0.25 千克左右。

四、栽培技术要点

1. 育苗

在 4 月中、下旬育苗，播种方式采取撒播或条播，每亩播种量为 0.5 ~ 0.8千克，苗床畦面覆盖薄膜保温保湿。当苗高 12 ~ 15 厘米，4 ~ 6 片真叶时，按株距 25 厘米，行距 40 米选择阴天浇稀薄粪水定植，每亩定植 6 000 ~ 7 000株，定植后浇透定根水。

2. 宿根繁殖

宿根移栽（老藿香）极易成活，宿根在第二年（5 月）出苗，用剪刀紧贴地面剪掉冬季枯死的地上残茎，然后浇一次稀薄粪水，促进新苗生长，到苗高9 ~ 15 厘米时，即可将苗挖起，带土移栽大田，应于雨天或阴天随挖随栽，成活率高。移栽株行距 30 厘米 ×35 厘米，每亩栽 6 000 株。栽好后立即浇 1 次稀薄的粪水，促进成活。宿根发出的藿香高达 70 ~ 90 厘米时，当年春播的藿香15 ~ 36 厘米高。宿根移栽 6 月底至 7月初开始开花，当年春播的 7 月中旬开花。

3. 温度控制

气温保持在 20 ~ 25 摄氏度时，10 ~ 15 天出苗，出苗率达 70% 时，揭去薄膜，适宜生长温度 18 ~ 25 摄氏度，当年春播的藿香在苗高 12 厘米，主茎有 5 对叶子时，基部的叶腋开始发生分枝，6 月以后，气温升高，雨季来临，藿香进入旺盛生长期。

五、肥水管理要点

施肥以"全肥"为好（包括氮、磷、钾），第一次追肥在苗高3厘米后每平方米施腐熟稀薄人畜粪尿1.5～2千克，以后分别在苗高7～10厘米、15～20厘米、25～30厘米时，中耕除草后，每次每亩施腐熟人畜粪尿1 500千克，或每亩施磷酸二铵10～12千克，施肥后应浇水，封垄后不再追肥。旱季要及时浇水，抗旱保苗，雨季及时疏沟排水，防止积水引起植株烂根。

第三节　藿香的主要病虫害防治要点

一、病害防治

1. 常见病害

（1）斑枯病　为害叶片，叶两面病斑呈多角形，暗褐色，叶色变黄，严重时病斑汇合，叶片枯死，6—9月均可发生。

（2）枯萎病　被害植株的叶片和叶梢部下垂，青枯状，根部腐烂。该病常发生于6月中旬至7月上旬梅雨季节，低洼易积水或沟浅排水不良的地块容易发病。

2. 防治方法

（1）斑枯病　冬季清园，将枯枝落叶烧毁；发病前用10%苯醚甲环唑水分散粒剂，每亩用35～45克进行喷雾，每季作物最多施用3次；发病初期用25%咪鲜胺乳油，每亩用50～70毫升进行喷雾，间隔7～10天连续用药，每季作物最多使用3次。

（2）枯萎病　雨后及时排水，降低田间湿度；发病初期，拔除病株，并使用70%敌磺钠可溶性粉剂，每亩用250～500克进行泼浇或喷雾，间隔7～10天喷1次，连喷2～3次；或使用25%络氨铜水剂，每株使用0.8～1克进行灌根，每季作物最多使用3次。

二、虫害防治

1. 常见虫害

（1）银纹夜蛾　俗称弓背虫，行走时体背拱曲成弓形。幼虫食害叶片，有的将叶片卷起或缀合在一起，裹在里面取食，将叶片吃成孔洞或缺刻；有的在叶背面取食，成虫多不为害植株。

（2）朱砂叶螨　在6—8月天气干旱，高温低湿时发生，聚集在叶背刺吸汁液，被害处最初出现小斑，后来在叶面又可以看到较大的黄色焦斑，扩展后，全叶发黄失绿，叶片脱落。

2. 防治方法

（1）银纹夜蛾　在4月中旬使用80%敌百虫可溶液剂，每亩用90～100克进行喷雾，每季作物最多使用2次；用灯光诱杀成虫；冬季结合整地，春秋结合剪枝，消灭越冬虫口。

（2）朱砂叶螨　①收获时清洁田园，收集落叶集中烧毁；②早春清除田块、沟边和路边的杂草；③药剂防治：

1.8% 阿维菌素乳油，每亩用 33 ～ 56 毫升进行喷雾，每季作物最多使用 2 次；或使用 15% 哒螨灵乳油，每亩用 2 250 ～ 3 000 倍液在越冬卵孵化盛期或若螨始盛发期进行喷雾，每季作物最多使用 2 次；或使用 73% 炔螨特乳油，每亩用 1 500 ～ 3 000 倍液进行喷雾，每季作物最多使用 1 次。

第十三章　益母草（*Leonurus japonicus* Houtt.）

第一节　益母草的识别与生长习性

一、识别特点

益母草（图 13-1、图 13-2）为唇形科一年生或二年生草本。茎直立，钝四棱形，微具槽，有倒向糙伏毛。叶轮廓变化很大，茎下部叶轮廓为卵形，基部宽楔形，掌状 3 裂，裂片呈长圆状菱

图 13-1　益母草植株

图 13-2　益母草种子

形至卵圆形，裂片上再分裂；茎中部叶轮廓为菱形，较小，通常分裂成 3 个或偶有多个长圆状线形的裂片，基部狭楔形；花序最上部的苞叶近于无柄，线形或线状披针形，全缘或具稀少牙齿。轮伞花序腋生，轮廓为圆球形，多数远离而组成长穗状花序；小苞片刺状，向上伸出，基部略弯曲，有贴生的微柔毛。花萼管状钟形，5 脉。花冠粉红至淡紫红色，冠檐二唇形，上唇直伸，长圆形，全缘，下唇略短于上唇，3 裂。花期通常在 6—9 月，果期 9—10 月。

二、生长习性

益母草喜冷凉、湿润的环境，耐寒性较强，-7 ～ -5 摄氏度不致冻坏，生长适温为 15 ～ 22 摄氏度。对土壤要求不严格，以肥沃、排水良好的砂壤土栽培为好，需要充足水分条件，但不宜积水，怕涝。多生长在荒野、草原、山坡及路旁等温暖湿润处。

第二节　益母草的栽培技术要点

一、土壤准备

选择向阳，土层深厚、富含有机质

的砂壤土及排水良好的壤土为宜，每亩施腐熟有机肥或堆肥 1 500 ~ 2 000 千克，深耕 20 ~ 25 厘米，耙细整牢，做成宽 1.2 米的畦，畦间开沟，沟宽 30 厘米、沟深 15 ~ 20 厘米。

二、繁殖方式

益母草采用种子繁殖。

三、直播技术要点

采种应选生长健壮、无病虫害的植株种子作种。种子成熟采收后，经日晒打下种子，簸去杂质，贮藏备用。冬性益母草，于 10 月播种；春性益母草，秋播同冬性益母草，春播于 3 月上旬至 4 月初，夏播于 6 月中旬至 7 月进行。一般采用直播，在事先整好的畦面上按行距 30 厘米，开 1 ~ 1.5 厘米深的播种沟。播种前每亩先用 1.5 千克益母草种子与不太干的草木灰 30 千克充分混拌均匀，再将拌好的种子按窝距 20 厘米点播于沟内。播种后覆盖 1 层 1 厘米厚的细土稍加镇压，浇水，经常保持土壤湿润，10 ~ 15 天即可出苗。

四、栽培技术要点

1. 间苗

当苗高 3 ~ 5 厘米时，拔除弱苗、密苗；苗高 10 厘米左右，按株距 20 厘米定苗，每窝定苗 1 株。

2. 中耕除草

出苗后结合间苗、定苗要适时中耕除草，中耕宜浅，共进行 3 ~ 4 次。

五、肥水管理要点

追肥，定苗后追施 1 次稀薄人畜粪尿，每亩施用 1 500 千克，施后浇清水 1 次；苗 30 厘米时，每亩追施硝酸铵 15 千克或尿素 10 ~ 12 千克。

第三节　益母草的主要病虫害防治要点

一、病害防治

1. 常见病害

（1）白粉病（图 13-3）　为真菌性病害，主要为害叶片及茎部。以闭囊壳随病株残体在土表越冬。发病初期在叶面或叶背生长白色粉状霉点，后扩大成白色粉状斑，在条件适宜的情况下病斑融合成片，致整个叶面布满白色粉状物，严重时叶片黄化或枯萎。在温暖多湿的条件下，生产上土壤肥力不足或偏施氮肥，均易诱发此病。

图 13-3　白粉病症状

（2）锈病　为真菌性病害，主要为害叶片、叶柄。病菌以菌丝体和冬孢子堆在活体寄主上存活越冬。初期在叶片两面散生或沿叶脉出现黄色圆形或椭圆形小疱斑，稍隆起，即锈孢子堆。后期疱斑破裂，散出鲜黄色粉状物即锈孢子，严重时病斑密布。叶正面或背面覆盖一层鲜黄色粉状物，在鲜黄色疱斑上或其周围出现棕褐色至黑褐色小疱斑，即夏孢子堆。在生长后期生出暗褐色疱斑，即冬孢子堆，内含大量冬孢子。温暖高湿、雾大露重的天气利于发病。

（3）菌核病（图13-4）　是为害益母草较严重的病害。整个生长期内均会发生，春播者在谷雨至立夏期间、秋播者在霜降至立冬期间病害发生严重，多因多雨、气候潮湿而致。染病后，其基部出现白色斑点，继而皮层腐烂，病部有白色丝绢状菌丝，幼苗染病时，患部腐烂死亡，若在抽茎期染病，则表皮脱落，内部呈纤维状直至植株死亡。

图13-4　番茄上的菌核病症状，与益母草菌核病症状相似

2. 防治方法

（1）白粉病　①加强栽培管理，注意排湿，降低田间湿度，增施磷、钾肥，避免偏施氮肥或缺肥；②药剂防治：在发病前或发病初期，使用25%三唑酮可湿性粉剂，每亩用30～35克进行喷雾，视病害发生情况可间隔7天左右再施药1次，每季作物最多使用2次；或使用50%硫黄·三唑酮悬浮剂，每亩用150～200毫升进行喷雾，间隔7天施药，每季作物最多使用2次；此外，发病前或发病初期还可使用1%多抗霉素水剂，每亩用750～1 000克进行喷雾，视病情发展施药2～3次，每季作物最多使用3次。

（2）锈病　①避免偏施氮肥；②定植后喷增产菌，每亩喷30～50毫升，可促进植物生长；③药剂防治：发病前或发病初期，使用50%叶菌唑水分散粒剂，每亩用9～12克进行喷雾，应于锈病发病初期喷第一次药，间隔7～10天后可再喷药1次，每季作物最多使用2次；或使用30%肟菌·戊唑醇悬浮剂，每亩用40～50毫升进行喷雾，间隔7～10天施药1次，每季作物最多使用2次。

（3）菌核病　①在选地时就多加重视，坚持水旱地轮作，与禾本科作物轮作为宜；②在发现病毒侵蚀时，及时铲除病土，并撒生石灰粉，同时使用40亿孢子/克盾壳霉ZS-1SB可湿性粉剂，每亩用45～90克进行喷雾，每季作物最多使用2次。

二、虫害防治

1. 常见虫害

（1）蚜虫（图13-5）　益母草蚜虫开始发生时，往往比较隐蔽，多数附着在叶片下面，接着大量繁殖，并迅速蔓延，为害面扩大到所有叶片、茎和嫩芽。蚜虫在叶片及嫩茎凹陷处吸食汁液，使叶片卷缩，降低正常光合作用的受光面积，蚜虫还排泄蜜汁，使叶片、茎呈现一片污黑的覆盖物，影响植物体与外界的气体交换，从而影响光合作用和呼吸作用，另外，蜜汁还引起霉菌的草生，诱发黑霉病，蚜虫也传播花叶病毒，导致益母草染上花叶病。

图 13-5　蚜虫

（2）地老虎　为多食性害虫，以幼虫为害益母草幼苗，将幼苗从茎基部咬断。

（3）黄条跳甲（图13-6）　又名黄条跳蚤，土跳蚤等。为寡食性害虫，成虫和幼虫均能为害。成虫咬食叶片，造成许多小孔。尤其是幼嫩的部分，常致使幼苗停止生长，甚至整株死亡。种株的花蕾和幼荚也可受害，幼虫为害根部，将根表皮蛀成许多弯曲的虫道，咬断须根，使地上部分发黄萎蔫而死。此外，成虫和幼虫造成的伤口，易传播软腐病。成虫在残株落叶、杂草及土缝中过冬。

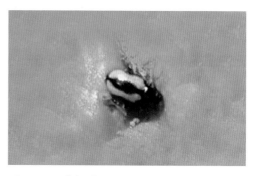

图 13-6　黄条跳甲

2. 防治方法

（1）蚜虫　①选用抗虫品种；②及时清除田间杂草，尤其是在初春和秋末除草，生长期拔除蚜虫较多的苗；③利用捕食性天敌，如七星瓢虫、十三星瓢虫、大草蛉、大绿食蚜蝇等，寄生性天敌，有蚜茧蜂，微生物天敌有蚜霉菌等；④利用防虫网；⑤适当提前播种期，使受害期在植株长大以后；⑥在田间挂银灰色塑料条，或铺银灰色地膜，或插银灰色支架，利用银灰色对蚜虫的趋避性，趋避蚜虫；⑦在田间插50厘米×20厘米的黄板，上涂机油，或在木板上涂抹黄油，用以粘杀蚜虫；⑧药剂防治：使用50%抗蚜威可湿性粉剂，每亩用10～18克进行喷雾，每季作物最多使用3次；或于蚜虫若虫发生初盛期使用70%吡虫啉可湿性粉剂，每亩用2.5～3克进行喷雾，每季作物最多使用2次。

（2）地老虎　①田间管理，早春及时铲除杂草，集中带到田外烧毁，秋翻或冬翻地并冬灌，杀死部分越冬幼虫或蛹，春季耙地，消灭地面上的卵粒；②人工捕捉，发现断苗后，在清晨拨开断苗附近的表土可捉到幼虫；③诱杀成虫，利用糖醋液或黑光灯在田间诱杀成虫，春季利用芝麻、苜蓿等幼苗诱集成虫产卵，集中处理；④诱杀幼虫，利用泡水的鲜泡桐叶每亩 50 ～ 70 张，傍晚放于田间诱捕幼虫，或 30 ～ 40 千克砸碎的鲜草加 80% 敌百虫可溶粉剂加少量水，傍晚撒于田间诱杀幼虫；⑤药剂防治：用 80% 敌百虫可溶性粉剂，每亩用 85 ～ 100 克进行喷雾，每季作物最多使用 2 次；对虫龄较大的，可用 35% 辛硫磷微囊悬浮剂，每亩用 400 ～ 600 毫升进行灌根，每季作物最多使用 1 次。

（3）黄条跳甲　①尽量避免与十字花科蔬菜连作；②收获后清除田间残株落叶及杂草，集中深埋或烧毁；③秋季深耕可消灭越冬成虫，播种前深耕晒土，可改变幼虫的生活环境，并有灭蛹的作用；④药剂防治：使用 15% 啶虫·哒螨灵微乳剂，每亩用 30 ～ 40 毫升进行喷雾，间隔期为 15 ～ 20 天；或使用 5% 啶虫脒乳油，每亩用 60 ～ 120 毫升进行喷雾；每季作物最多使用 2 次。

第十四章　薄荷（*Mentha canadensis* L.）

第一节　薄荷的识别与生长习性

一、识别特点

薄荷（图 14-1、图 14-2）为唇形科多年生草本。株高 30 ~ 60 厘米，茎直立，叶片长圆状披针形，披针形，椭圆形或卵状披针形，叶缘疏生粗大的牙齿状锯齿。轮伞花序腋生，轮廓球形，花冠淡紫，花柱略超出雄蕊，先端近相等 2 浅裂，裂片钻形。花盘平顶。小坚果卵珠形，黄褐色，具小腺窝。花期 7—9 月，果期 10 月。

图 14-2　薄荷种子

二、生长习性

薄荷适应性较强，在海拔 300 ~ 1 000 米地区种植，喜温暖湿润环境，生长最适温度 20 ~ 30 摄氏度，当气温降至 -2 摄氏度左右，植株开始枯萎，但地下根状茎耐寒性较强。薄荷属长日照植物。性喜阳光充足，现蕾开花期要求日照充足和干燥天气。性喜中性土壤，pH 值 6.5 ~ 7.5 的砂壤土、壤土和腐殖质土均可种植。

第二节　薄荷的栽培技术要点

一、土壤准备

薄荷既怕旱又怕涝，薄荷田以选择

图 14-1　薄荷植株

地势高、靠近水源、浇水方便的地块为宜。若田块高低不平，雨水较多时低洼的地方往往由于积水，造成种根霉烂，地上部分落叶严重，严重影响产量。只有平整的田块，方可确保丰收。因此，种植前一定先进行深翻、耙地、平整，并结合深翻每亩施腐熟的有机肥5千克，均匀撒入地内与土壤混匀，翻入土内，作为基肥。整平待播。

二、繁殖方式

薄荷主要采用地上茎、根状茎繁殖。生产上常用的繁殖方法为根状茎繁殖和秧苗繁殖。

1. 根状茎繁殖

栽植期为10月下旬至第二年3、4月，以秋冬栽植为好，栽前在种子田将根状茎挖出，截成20～30厘米长的小段，按行距20厘米左右开沟，沟深6～10厘米，按株距15～20厘米放入种茎2～3条，施稀薄人畜粪尿，覆土压实，每亩需根状茎100～150千克。

2. 秧苗繁殖

选生长良好，品种纯，无病虫害的田块作留种地，秋季收割后，立即中耕除草和追肥一次。第二年4—5月苗高10～15厘米时，陆续拔苗移栽。此法在收获头、二茬时均可进行，按行株距20米×15米挖穴，深6～10厘米，每穴栽1～2苗，盖土压紧，施稀薄人粪尿，促进其生长发育。

三、栽培技术要点

1. 播种

在我国北方生产上常用的方法为根状茎繁殖。种根挖后应立即播种，若种根挖出后不及时播种，堆放或储藏时间过长，种根易发热霉烂变黑，失去发芽能力，或由于种根节上的嫩芽在播前萌发，播种时容易使嫩芽受到机械伤害，使发芽困难。

2. 排水

薄荷在生长过程中，如雨后积水或地下水位过高，都会影响正常生长，由于积水为害，根系生长不良，易早衰，叶片脱落，大大影响产量；同时，地下茎大量霉烂，对出苗极为不利。及时挖深排水沟，可降低地下水位和及时排出田间积水，降低土壤温度，改善土壤理化性质，使土壤空隙度增大。通透性好，提高地温，可以促进薄荷根系的发育，防止早衰和倒伏。同时，可减轻病害的发生，特别是锈病和黑茎病为害。

3. 冻水

在雨季长期少雨干旱和寒冷的地区，播种后要防止寒流袭击，对没有镇压的地块要先浇冻水，尤其是新整平的田块。土质疏松，更应该浇冻水，可使土壤与种根紧密接触，提高地温，起防冻的作用，以利出苗。冻水必须在寒流袭击之前进行，不宜过早，也不能过晚。过早因气温高，湿度大，会形成冬灌后出苗，易遭受冻害；过晚则土壤冻结，水分不能下渗，发生地面积水结冰，使薄荷种根受到机械损伤。浇冻水时应随灌随排，田间不宜有积水。

4. 防冻害

薄荷地下根茎越冬，管理不当时易产生冻害。因此，薄荷播种后，应采取综合措施预防冻害。第一，秋播时要确保质量，播种深度适中；第二，要适时播种，不宜过早，以防冬前大批出苗；第三，播种后镇压；第四，久旱无雨时，在寒流来袭前浇一次冻水，防止干冻受灾。冻害发生后，应根据情况及时采取下列补救措施，防止下次寒流影响。有条件的地方，在下次寒流到来之前，可用覆盖物或及时灌水、镇压等措施来保根保苗；幼苗遭受冻害后；要早施提苗肥；改善营养，增强其抗性。冻害严重者，要及时进行移苗补缺，增施苗肥，加强管理。

5. 中耕除草

在薄荷出苗到封垄前，应进行松土除草，为壮苗早萌发创造条件。在幼苗初期，温度低、光照弱，不利于根系的发育及萌发，而且杂草生长快。因此，在第一次收获的薄荷出苗后到封垄前，应松土 2～3 次，结合除草，可疏松土壤，破板结，提高地温，有利于壮根和幼苗生长。松土切断了毛细管，减少了水分蒸发，天旱时起到了保墒作用。

6. 摘心

摘心可以促进植株分叉，提高产量，提高叶面积系数。一般以摘掉顶端两对幼叶为度，摘心宜选在下午进行；摘心后应该立即施用一次肥，促使分枝充分生长。摘心时间应依密度而定。定植较稀的，应早摘心，以促进侧枝早发；定植较密的可适当晚摘。

7. 刨根

第一次薄荷采收后，用锋利的锄头、斜刀等工具，把地面残留的老梗、杂草等刨掉，并依据根系的深浅，确定刨根的深度。薄荷和其他作物一样，有顶端优势的特点。如不刨根，首先萌发的苗是地面上残留茎上的芽，地下茎上潜伏的芽受到抑制很难萌发。地上残留的茎上萌发的苗由于根系浅，苗小而弱，生命力不强，易早衰，产量低。而地下茎上的芽萌发后苗健壮整齐，生命力也强，不易早衰，产量也高。通过刨根，为地下茎上萌发新芽创造了条件。另外，刨根可起松土、除草、保墒及调节密度的作用。

四、肥水管理要点

薄荷生长期长，需肥量较大，除了播种前施足基肥外，还应当追肥 2 次或 3 次，每次每亩施尿素 5 千克左右。追肥的用量因土壤而异，肥力中上等的一般采取先控后促的施肥方法，即前期轻施苗肥与分枝肥，防止前期生长过旺，使后期造成落叶与倒伏。到了6月中上旬重施一次肥，这次肥料施入后，不再施肥，使后期不早衰，多长分枝与叶片，提高产量。

在薄荷生长期间，根据苗长势应进行叶面喷肥，一般喷施磷肥、钾肥，增产效果十分明显，能增产10%～15%，但喷施叶片肥应注意以下问题：①喷施浓度，叶面肥应严格控制其浓度范围，浓度过低无增产效果，浓度过高会发生烧苗现象。一般用过磷酸钙加0.1%的氯化钾等比例混合，每亩喷施100千克；②喷施叶面肥应选择阴天或晴天的傍晚进行。因晴天的中午气温较高，蒸发量大，叶面气孔小，不易被叶片吸收。

薄荷生长后期，需要大量的氮、磷、钾营养元素，尤其是氮肥。此时根已逐渐衰老，或由于其他因素，根系吸收能力减弱，也可用尿素进行根外追肥。有如下好处：尿素是中性肥料，对薄荷的叶子无灼伤，不会造成落叶而影响产量。尿素为水溶性，分子体积小，易透过细胞膜，同时扩散性也大，它的水溶液能直接渗透到叶面的细胞中。尿素本身有吸湿性，根外追肥即使干燥，由于其吸湿性，在叶面上也能经常保持一定的湿度，肥料易被叶片吸收。

第三节　薄荷的主要病虫害防治要点

一、病害防治

1. 常见病害

（1）白绢病　真菌性病害，主要为害叶片，病菌的菌核或菌索随病残体遗落土中越冬。发病初期病株上部叶片褪绿，茎基及地表处生有大量白色菌丝体和棕色油菜籽状小菌核。病情扩展后至植株长势减弱、萎凋或枯死。连作或土质黏重及地势低洼，或高温多湿的年份或季节发病重。

（2）病毒病　呈典型花叶症状，染病后植株叶片畸形，植株细弱。

（3）霜霉病（图14-3）　主要为害叶片和花器的柱头及花丝。叶面病斑浅黄色至褐色，多角形。湿度大时，叶背霉丛厚密，呈淡蓝紫色。

图14-3　黄瓜上的霜霉病症状，与薄荷霜霉病症状相似

（4）灰斑病　主要为害叶片。叶面初生小黑点斑，后扩展成圆形至不规则形边缘黑色、中央灰白色较大病斑，轮纹不大清晰。子实体生于叶两面，灰黑色霉层状。后期病斑融合，致叶片干枯脱落。在田间下部叶片易发病。

图 14-4　灰斑病症状

（5）锈病　主要为害叶片和茎。叶片染病初在叶面形成圆形至纺锤形黄色肿斑。后变肥大，内生锈色粉末状锈孢子，后又在表面生白色小斑。夏孢子圆形，浅褐色。秋季在背面形成黑色粉状物，即冬孢子。严重的病部肥厚畸形。

2. 防治方法

（1）白绢病　①避免连作；②提倡施用日本酵素菌沤制的堆肥或充分腐熟的有机肥；③及时清除病残体；④药剂防治：在病穴及其邻近植株，使用 6% 井冈·嘧苷素水剂，每亩用 400 ~ 500 毫升进行喷雾，间隔 7 天用药 1 次，每季作物最多使用 3 次；或使用 240 克 / 升噻呋酰胺悬浮剂，每亩用 20 ~ 25 毫升进行喷雾，每季作物最多使用 1 次；或使用 20% 氟酰胺可湿性粉剂，每亩用 75 ~ 125 克进行喷雾，间隔 7 ~ 10 天用药 1 次，可连续使用 2 ~ 3 次，每季最多使用 3 次。

（2）病毒病　①及早灭蚜防病，抓准当地蚜虫迁飞期在虫口密度较低时，使用 10% 吡虫啉乳油，每亩用 7.5 ~ 12.5 克进行喷雾，虫情严重时可酌情在 10 ~ 15 天后进行第二次喷药，每季作物最多使用 2 次；或使用 50% 抗蚜威可湿性粉剂，每亩用 15 ~ 20 克进行喷雾，每季最多使用 2 次；②症状出现时，连续喷洒磷酸二氢钾，间隔 7 天喷洒 1 次，促叶片转绿、舒展减轻为害。

（3）霜霉病　①加强检疫，防止该病扩大蔓延；②拔除病株，发病初期注意拔除病株，集中深埋或烧毁；③药剂防治：发病初期，使用 27.12% 碱式硫酸铜悬浮剂，每亩用 40 ~ 60 毫升进行喷雾，间隔期 7 ~ 10 天施药 1 次，视发病轻重，施药 2 ~ 3 次为宜；或使用 28% 波尔多液悬浮剂，每亩用 100 ~ 150 倍液进行喷雾，间隔 7 ~ 10 天施药 1 次，每季作物最多使用 4 次；或使用 40% 三乙膦酸铝可湿性粉剂，每亩用 385 ~ 480 克进行喷雾，间隔 7 天施药 1 次，可连续用药 2 ~ 3 次，每季作物最多使用 3 次；或使用 64% 噁霜·锰锌可湿性粉剂，每亩用 172 ~ 203 克进行喷雾，每季作物最多使用 3 次。

（4）灰斑病　①农业防治：施用酵素菌沤制的堆肥或腐熟的有机肥，入冬前认真清园，集中把病残体烧毁；②药剂防治：在病害发生初期，使用 75% 肟菌·戊唑醇水分散粒剂，每亩用 15 ~ 20 克进行喷雾，开始施药，间隔 7 ~ 10 天施药 1 次，每季作物最多使用 2 次。

（5）锈病　①实行轮作，即与锈病病菌非寄主的作物实行 3 年以上的轮作；

②合理施肥，在薄荷生长期间，忌偏施氮肥，应适当增施磷、钾肥，促使植株稳健生长，增强抗病力，同时，要注意田间排水，防止植株受渍；③药剂防治：使用25%三唑酮可湿性粉剂，每亩用28～38克进行喷雾，每季作物最多使用2次；或使用80%代森锰锌可湿性粉剂，每亩用600～800倍液进行喷雾，间隔7～10天施药1次，连续施药3～5次，每季作物最多使用5次。

二、虫害防治

1.常见虫害

烟青虫　又叫烟叶蛾，为多食性害虫。以幼虫蛀食寄主的花蕾、花及果实，造成落花、落果及果实腐烂，也可咬食嫩叶和嫩茎，造成茎中空折断。烟青虫以蛹在土壤中越冬。成虫有趋光性。在夏季降雨适中而均匀时发生严重。在地势低洼、植株茂密、水分条件较好的地块，虫害严重。在成虫发生期蜜源植物丰富，则发生严重。

2.防治方法

一是翻地将土壤中的蛹翻至地表，并可破坏羽化通道，使成虫羽化后不能出土而窒息死亡；

二是结合整枝打杈，可消灭部分卵粒；

三是将半枯萎带叶的杨树枝剪成60厘米长，每5～10枝捆成1把，插在田间，每亩插10把，5～10天换1次，每天早晨收成虫消灭；

四是每30 000米²设一黑光灯，诱杀成虫；

五是生物防治：利用赤眼蜂、草蛉、瓢虫、蜘蛛等，抑制害虫发生；

六是药剂防治：在卵孵化初期或低龄幼虫发生期，使用40%辛硫磷乳油，每亩用75～100毫升进行喷雾，间隔10天施药1次，可连续用药2～3次，每季作物最多使用3次；或使用90%敌百虫可溶性粉剂，每亩用1 000倍液进行喷雾，每季作物最多使用2次。

第十五章　紫苏 [*Perilla frutescens* (**L.**) **Britton**]

第一节　紫苏的识别与生长习性

一、识别特点

紫苏（图 15-1、图 15-2）为唇形科一年生草本，株高 30 ~ 150 厘米。有特殊芳香。茎直立，紫色或绿紫色，圆角四棱形，具槽，上部多分枝，密被紫色关节状长柔毛。叶对生，阔卵形或圆形，有紫色或白色的节毛；两面紫色或表面绿色，背面紫色；两面疏生柔毛，背面有细油点；叶片皱。轮伞花序 2 花，组成偏向一侧的顶生或腋生的总状花序，花冠白色至紫红色，2 唇形，上唇微有缺口，下唇 3 裂，中裂片较大。小坚果球形，黄灰褐色，表面有网纹，内含 1 粒种子。花期 6—7 月，果期 7—9 月。

图 15-2　紫苏种子

二、生长习性

紫苏对气候适应性较强。喜温暖湿润的环境。对环境要求不严，在排水良好的砂壤土、壤土、黏壤土上均能生长，但以疏松、肥沃、排水良好的砂壤土为佳，在稍黏性的土壤也能生长，但生长发育较差。前茬以小麦、蔬菜为好，也可在果树幼林下间作。

第二节　紫苏的栽培技术要点

一、土壤准备

紫苏对气候适应性强，对土壤要求不严，在排水良好的砂壤土、壤土、黏壤土上，均能生长。在肥沃的土壤上栽培，生长良好。栽培田选好后，需要深翻晒土，同时每亩施腐熟有机肥

图 15-1　紫苏植株

2 000 ~ 4 000 千克、尿素 30 千克作为基肥，与土壤混匀，整细耙平，做成宽1.3 米的平畦，若土壤干旱可先浇水造墒，保持土壤湿润。

二、繁殖方式

紫苏用种子繁殖。种子发芽率可达90%，在温度 18 ~ 21 摄氏度、有足够湿度时，播种后 7 ~ 10 天可出苗。紫苏可直播，也可育苗移栽。

三、直播技术要点

直播一般为春播，北方在 4 月中旬即可播种。在平整好的畦内，按行距30 厘米开横沟，深 2 ~ 3 厘米，将种子均匀撒入沟内覆薄土并稍加压实，也可按行距 20 厘米，株距 10 ~ 15 厘米进行穴播。播后及时浇水，每亩播种量为2.5 ~ 3 千克。条播在株高15厘米左右时，按 10 ~ 15 厘米的株距定苗，多余的幼苗可用来移栽。直播紫苏生长快，收获早，产量高，并可节省人工。

四、栽培技术要点

1. 育苗

在干旱地区没有灌溉条件或种子缺乏时采用育苗移栽方式，育苗的床土应选向阳、温暖的地方，床土应是足够的厩肥或堆肥，并施适量的过磷酸钙。南方地区可施适量的草木灰，将床面整平。4 月上中旬播种。播前在苗床上浇一次透水，待水渗进后，将种子均匀撒在床面，覆土 2 ~ 3 厘米，稍加压实后经常保持床土湿润，也可以覆地膜防止地面板结，7 ~ 8 天可以出苗。齐苗后间去过密的幼苗，并经常除草，适时浇水，苗高 15 ~ 18 厘米时，6 月上中旬移栽到种植田。

2. 定植

紫苏幼苗定植应选阴雨天或下午进行。按 20 厘米的行距开沟，深 10 ~ 15厘米株距排列在沟的一侧，然后覆土压实。随即顺沟浇水，温度低时也可先顺沟浇水再摆苗，覆土、压实。1 ~ 2 天后松土保墒，干旱时浇水 2 ~ 3 次即可成活。紫苏缓苗后可减少浇水次数，进行蹲苗，防止幼苗徒长，促进根系生长，培养壮苗。

五、肥水管理要点

紫苏出苗期或生长前期，幼苗生长较缓慢，应及时进行中耕除草，防止杂草抑制幼苗生长。不论育苗或直播，在苗高 33 厘米以上时进行追肥，每亩人粪尿 1 000 ~ 1 500 千克或硫酸铵 7.5千克，过磷酸钙 10 千克，于行间开沟施入，或均匀撒入行间，然后培土、松土，将肥料埋好。孕蕾期根据土壤湿度情况，酌情浇水 1 次或 2 次，雨后应及时排水，植株长大封垄后，不再进行管理。

第三节　紫苏的主要病虫害防治要点

一、病害防治

1. 常见病害

（1）菌核病　紫苏菌核病主要为害茎基部和叶片，苗期至成株期均可发生。苗期染病，在茎基部出现水渍状的病斑，后腐烂或猝倒；茎染病，发病部位主要在茎基部和茎分叉处，发病初始产生水浸状斑，扩大后呈淡褐色，病茎软腐纵裂，病部以上茎秆和叶凋萎枯死，湿度高时病部长出一层白色棉絮状菌丝体，受害后茎秆内髓部受破坏，发病末期腐烂而中空，剥开可见白色菌丝体和黑色菌核。菌核鼠粪状，圆形或不规则形，早期白色，以后外部变为黑色，内部白色；叶片染病，初呈水浸状斑，扩大后呈灰褐色近圆形大斑，边缘不明显，病部软腐，并产生白色棉絮状菌丝，发病严重时产生黑色鼠粪状菌核（图8-4）。

（2）锈病　由担子菌亚门真菌紫苏鞘锈菌侵染所致，主要为害叶片和花梗。叶片和花梗染病，发病初始在叶片和花梗表面产生黄色小点，扩大后隆起黄褐色近圆形疱斑，即病菌的夏孢子堆，周围具有黄色晕环，表皮破裂外翻后散发出夏孢子（橙黄色粉末），发病严重时，叶片上新老夏孢子堆群集形成疱斑群，布满整张叶片，使叶片枯黄。

（3）斑枯病（图15-3）　由半知菌亚门真菌侵染所致，主要为害叶片。紫苏斑枯病初期叶片出现水渍状小斑，后逐渐扩大成褐色近圆形。病斑上散生小黑点，最后病斑干枯形成穿孔。6月后高温、多雨。植株过密，通风透光不良，易发病。

图 15-3　斑枯病症状

2. 防治方法

（1）菌核病　使用25%嘧霉胺可湿性粉剂，每亩用90～150克进行喷雾，每季作物最多使用2次；或使用200克/升氟唑菌酰羟胺悬浮剂，每亩用50～65毫升进行喷雾，在开花初期、茎秆发病初期喷雾，重点喷施茎秆部，每季最多使用1次。

（2）锈病　在发病初期开始喷药，使用10%苯醚甲环唑水分散粒剂，每亩用50～83克进行喷雾，每季作物最多使用3次；或使用30%肟菌·戊唑醇悬浮剂，每亩用40～50毫升进行喷雾，间隔7～10天施药1次，每季作物最多使用2次；或使用80%代森锰锌可湿性粉剂，每亩用500～600倍液进行喷雾，每季作物最多使用3次。

（3）斑枯病　①农业防治：选用抗

病良种，注意无病株留种，防种子传病，注意轮作换茬，避免重茬；施足充分腐熟的农家肥，增施磷钾肥，提高植株抗病能力；雨季注意排水，降低田间湿度，种植不宜过密，及时摘叶打杈，改善通风透光条件，及时清除田间病株残体，减少菌源；②药剂防治：10%苯醚甲环唑水分散粒剂，发病初期每亩用35～45克进行喷雾，每季作物最多使用3次；或使用25%咪鲜胺乳油，每亩用50～70毫升进行喷雾，间隔7～10天可连续用药，每季作物最多使用3次。

二、虫害防治

1. 常见虫害

（1）红蜘蛛　主要为害叶片。红蜘蛛在叶背面刺吸汁液，初期叶片出现黄白色斑点，后来在叶面可见较大的黄褐色焦斑，扩展后，全叶变黄化，叶子随之脱落（图3-3）。

（2）银纹夜蛾　初龄幼虫群集在嫩叶背面取食叶肉，留下一层表皮。3龄后幼虫吐丝下垂、分散为害，食叶量随龄期增大，可将叶片咬成孔洞或缺刻；老龄幼虫食害全叶，留下主脉，一般7月、8月多雨时发生较多。

2. 防治方法

（1）红蜘蛛　①收获时集中田间病残枝叶，集中烧毁，早春清除田埂、沟边和路旁杂草；②药剂防治：发生初期使用5%噻螨酮乳油，每亩用40～50毫升进行喷雾，每季作物最多使用2次；或使用73%炔螨特乳油，每亩用1 500～2 500倍液进行喷雾，每季作物最多使用3次。

（2）银纹夜蛾　①利用幼虫假死性，人工捕捉幼虫；②药剂防治：在卵孵化盛期或尽可能在幼虫发育初期，使用10%虫螨腈悬浮剂，每亩用33～50毫升进行喷雾，间隔7～10天施药1次，每季作物最多使用2次；或使用3.2%高氯·甲维盐微乳剂，每亩用25～35毫升进行喷雾，每季作物最多使用2次；或使用50克/升氟虫脲可分散液剂，每亩用1 000～1 300倍液进行喷雾，每季作物最多使用2次。

第十六章 枸杞（*Lycium chinense* Mill.）

第一节 枸杞的识别与生长习性

一、识别特点

枸杞（图 16-1、图 16-2）为茄科落叶灌木，株高 1 米。枝条细长，长弯曲或俯垂，幼枝有棱角，外皮灰色，无毛，通常具短刺，生于叶腋。叶互生或簇生于短枝上，叶片卵形，卵状菱形或卵状披针形，全缘。花常 1 ~ 4 簇生于叶腋，花萼钟状；花冠漏斗状，淡紫色，边缘具缘毛，5 深裂。浆果卵状或长椭圆状，红色，种子多数，扁肾脏状，黄色，花期 6—9 月，果期 8—11 月。

二、生长习性

枸杞喜阴凉、湿润的气候。生长发育适温为 15 ~ 20 摄氏度，10 摄氏度以

图 16-1　枸杞植株

图 16-2　枸杞种子

下生长缓慢，25 摄氏度以上生长不良。菜用枸杞喜光，在遮阳环境下虽能生长，但产量低。根的萌蘖性和地上部分发枝能力强，喜肥。枸杞适应性强，耐寒、耐旱、耐盐碱、耐肥，怕渍水。无论在砂壤土、壤土、黄土沙荒地、盐碱地均能生长。人工栽培以土层深厚、肥沃、排水良好的砂壤土和中性或微碱性的土壤为好。水稻田、芦苇地旁、田埂边以及低洼积水之地不宜种植。

第二节 枸杞的栽培技术要点

一、土壤准备

枸杞的适应性很强，耐寒，对土壤要求不严格，耐碱、耐肥、抗旱，但是

怕渍水，因此，宜选用靠近水源的砂壤土，轻壤土次之。含盐量在 0.2% 以下为宜。秋季深耕 20 ～ 30 厘米，每亩施厩肥 2 000 ～ 2 500 千克，肥料充足时每亩可施 4 000 ～ 5 000 千克，撒匀耕翻入土中，并浇冻水，次春播种前浅耕细耙作畦，宽 1 米，长不限，整平畦面待栽。

二、繁殖方式

1. 扦插繁殖

扦插多在春季树液流动后萌芽放叶前进行。选一年的徒长枝或 23 厘米枝，截成 15 ～ 20 厘米长的短枝。上端剪成平口，下端削成楔形，按行株距 30 厘米 ×15 厘米斜插于苗床内，保持土壤湿润，成活率达 95% 以上。

2. 分株繁殖

枸杞分蘖能力很强，常在根际周围发生许多根蘖苗，直接挖取其根蘖苗进行移栽。该办法省工，但品种的好坏不易辨别。为了避免以上缺点，可截取长在母株根茎下部或距母株 10 ～ 25 厘米范围内的水平根上的分蘖苗进行移栽。

三、栽培技术要点

1. 中耕除草

苗木高度达到 30 厘米左右时进行第一次松土和除草，这一时期要除草和松土 2 ～ 3 次。

2. 抹芽

幼苗的根部长出侧枝时把侧枝及时抹除，保障主枝生长。用手将嫩芽抹除即可，稍老的幼枝用剪刀剪断。

3. 整枝修剪

修剪时选择一个健壮的枝条做主干，剪去其余枝条，保证主干粗壮，并且上下均匀。达到 60 厘米高的苗木要剪掉主干枝，修剪后要及时施肥。

4. 采收

在播后 50 ～ 60 天，苗高 50 厘米左右时即可采收，从 5 月开始陆续采收，采收时将嫩梢剪下，留下 2 ～ 3 条嫩枝，以备继续生长发育。嫩梢包装后即可上市出售。

四、肥水管理要点

苗木成活以后，开始追肥；第一次追肥要深施，以磷肥为主，再辅以氮肥；在开花的时候进行第二次追肥，以复合肥为主；第三次追肥以混合使用氮肥、磷肥，氮肥比例要多于磷肥；在采果结束的时候进行施肥，以有机肥为主，再辅以化肥，施肥量要比种植前施有机肥多一倍。

枸杞种植后立刻浇水，然而根据土壤情况进行第二次浇水，等到苗木完全成活后进行第三次浇水，以后每次施肥之后要进行浇水，浇透水，以良好的水肥条件促使苗木生长。

第三节　枸杞的主要病虫害防治要点

一、病害防治

1. 常见病害

（1）白粉病（图 16-3）　为真菌性病害，主要为害叶片，严重时可为害花和幼果。染病植株发病时叶面和叶背有明显的粉状霉层，严重时枸杞植株外现呈一片白色。受害嫩叶常皱缩、卷曲和变形，病株光合作用受阻，叶片提前脱落，导致枸杞生长势下降。后期病组织发黄、坏死。

图 16-3　白粉病症状

（2）灰斑病　为真菌性病害，主要为害叶片和果实。叶片染病后，初为圆形至近圆形病斑，边缘褐色，中央灰白色，叶背常有黑灰色霉状物；果实染病也产生类似的症状。高温多雨年份，土壤湿度大，空气潮湿，土壤缺肥，植株衰弱时易发病。

（3）炭疽病　又称黑果病，是枸杞生产的主要病害，引起不同程度的减产，严重年份减产达 80%，并影响枸杞质量。主要为害果实，也可侵染嫩枝、叶和花。青果发病初期，果面出现针头大的褐色小圆点，后扩大呈不规则形病斑；后病斑凹陷、变软，果实整个或部分变黑。干燥时，果实干缩，病斑表面长出近轮纹状排列的小黑点，为病菌的分生孢子盘。

2. 防治方法

（1）白粉病　①秋末冬初清除病残体及落叶，集中进行深埋或烧毁；②田间注意通风透光，合理密植，必要时疏除过密枝条；③药剂防治：在发病初期，使用 45% 石硫合剂结晶粉，150 倍液进行喷雾，每季作物最多使用 3 次；或使用 70% 甲基硫菌灵可湿性粉剂，稀释 800～1 000 倍进行喷雾，每季作物最多使用 1 次；或使用 1% 蛇床子素微乳剂，每亩用 150～180 毫升进行喷雾，发病初期间隔 7 天施药 2 次；或使用 400 克/升氟硅唑乳油，每亩用 7 500～8 500 倍液进行喷雾，每季作物最多使用 1 次。

（2）灰斑病　①选用良种，秋季落叶后及时清洁田园，清除病叶、病果，集中进行深埋或烧毁；②加强栽培管理，进行配方施肥，增强植物抗病性；③药剂防治：使用 1.5% 多抗霉素可湿性粉剂，每亩用 75～300 倍液进行喷雾，每季作物最多使用 3 次。

（3）炭疽病　①结合冬季剪枝整形，除去病枝病果，并彻底清扫地面枯枝落叶，集中烧掉；②修剪，根据本地气候特点，结合修枝使结果期避开多雨的感病季，如河北、山东雨水集中在 7—8 月，可实行冬春轻剪枝，夏季重剪枝，以确保春、秋果，放弃夏果；③药剂防治：使用80%波尔多液可湿性粉剂，每亩用300～500倍液进行喷雾，间隔10天施药1次，共施药3次；或在发病前或发病初期，使用50%代森锰锌可湿性粉剂，每亩用300～350克进行喷雾，间隔7～10天施药1～2次，每季作物最多使用3次；或使用70%甲基硫菌灵可湿性粉剂，每亩用40～50克进行喷雾，每季作物最多使用5次；或使用20%苯甲·咪鲜胺水乳剂，每亩用1000～1500倍液进行喷雾，间隔7天施药1次，连续施药2次，每季作物最多使用3次。

二、虫害防治

1.常见虫害

（1）负泥虫（图16-4） 成虫和幼虫取食叶片，造成不规则的缺刻和孔洞，严重时全叶吃光，并在枝条上排泄粪便，严重影响枸杞的产量和品质。

图16-4 负泥虫为害状

（2）瘿螨（图16-5） 主要为害枸杞叶片，嫩梢、花蕾、花瓣和幼果也可受害。被害叶片上密生黄绿色近圆形隆起的小疱斑，严重时呈淡紫色或黑痣状

图16-5 瘿螨为害状

虫瘿，植株生长严重受阻造成果实产量和品质下降。

2.防治方法

（1）负泥虫 ①春季越冬幼虫复苏活动时，结合田间管理灌溉松土，破坏其越冬环境，消灭越冬虫口；②药剂防治：0.05%呋虫胺颗粒剂，每亩用72～84千克进行均匀撒施，每季作物在栽培时使用1次。

（2）瘿螨 ①成螨越冬前及越冬后出瘿成螨大量出现时防治，以降低害螨密度，使用40%哒螨灵可湿性粉剂，稀释4000～5000倍进行喷雾，间隔7天可再次施药，每季作物最多使用2次；或使用110克/升乙螨唑悬浮剂，每亩用5000～6010倍液进行喷雾，每季作物最多使用1次；或使用5%阿维菌素乳油，稀释5555～8333倍进行喷雾，每季作物最多使用2次；②掌握当地出瘿成螨外露期或出蛰成螨活动期，喷洒45%石硫合剂结晶粉，每亩用180～300倍液（早春）、300～500倍液（晚秋）；或使用240克/升螺螨酯悬浮剂，每亩用4000～6000倍液进行喷雾，每季作物最多使用1次。

第十七章　车前（*Plantago asiatica* L.）

第一节　车前的识别与生长习性

一、识别特点

车前（图 17-1、图 17-2）为二年
生或多年生草本。须根多数。根茎短，
稍粗。叶基生呈莲座状，平卧、斜展或
直立；叶片薄纸质或纸质，宽卵形至宽

图 17-1　车前植株

图 17-2　车前种子

椭圆形，长 4 ~ 12 厘米，宽 2.5 ~ 6.5
厘米，先端钝圆至急尖，边缘波状、全
缘或中部以下有锯齿、牙齿或裂齿，基
部宽楔形或近圆形，多少下延，两面疏
生短柔毛；脉 5 ~ 7 条；叶柄长 2 ~ 15
（或 27 厘米）厘米，基部扩大成鞘，疏
生短柔毛。花序 3 ~ 10 个，直立或弓
曲上升；花序梗长 5 ~ 30 厘米，有纵条
纹，疏生白色短柔毛；穗状花序细圆柱
状，长 3 ~ 40 厘米，紧密或稀疏，下
部常间断；苞片狭卵状三角形或三角状
披针形，长 2 ~ 3 毫米，长过于宽，龙
骨突宽厚，无毛或先端疏生短毛。花具
短梗；花萼长 2 ~ 3 毫米，萼片先端钝
圆或钝尖，龙骨突不延至顶端，前对萼
片椭圆形，龙骨突较宽，两侧片稍不对
称，后对萼片宽倒卵状椭圆形或宽倒卵
形。花冠白色，无毛，冠筒与萼片约等长，
裂片狭三角形，长约 1.5 毫米，先端渐
尖或急尖，具明显的中脉，于花后反折。
雄蕊着生于冠筒内面近基部，与花柱明
显外伸，花药卵状椭圆形，长 1 ~ 1.2
毫米，顶端具宽三角形突起，白色，干
后变淡褐色。胚珠 7 ~ 15 个（或 18 个）。
蒴果纺锤状卵形、卵球形或圆锥状卵形，
长 3 ~ 4.5 毫米，于基部上方周裂。种

子 5 ~ 6 个（或 12 个），卵状椭圆形或椭圆形，长 1.5（或 1.2）~ 2 毫米，具角，黑褐色至黑色，背腹面微隆起；子叶背腹向排列。花期 4—8 月，果期 6—9 月。

二、生长习性

车前适应性强，喜向阳、湿润的环境，耐寒、耐旱、耐涝、耐瘠薄。在 -30 ~ -10 摄氏度的温度下均能生长，生长的适宜温度为 10 ~ 25 摄氏度。营养生长期能耐受连续 4 ~ 5 天的干旱和涝渍，开花结果期耐涝能力降低。对光照适应性强，光照足可促进生长。对土壤要求不严，但比较肥沃、湿润的砂壤土生长较好，开花结果期需较多的磷、钾、硼等元素。

第二节　车前的栽培技术要点

一、土壤准备

车前播种前需要深耕土地。结合耕地可每亩施入 3 000 ~ 4 000 千克腐熟的有机肥。将肥料与土壤混匀，精细耕耙，做成宽 1.3 米的平畦，整平畦面，浇 1 次底水，造墒，3 ~ 4 天后，将畦面翻耕 1 次，耙细整平即可播种。

二、繁殖方式

车前采用种子繁殖，北方春播 4 月上旬播种，秋播 9 月播种。

三、直播技术要点

在天气适宜的条件下采用干籽直播。也可用凉水在室温下浸泡几小时，使种子充分吸水后，再播种。有条件时，浸种后可在 20 摄氏度条件下催芽，待 3 ~ 4 天出芽后，再播种，可保证出苗快、整齐。北方春天在 4 月上旬开始播种，采用条播方式，在整好的畦内按 20 ~ 30 厘米的行距开沟。将种子均匀播于沟内，一般用种量为 0.5 千克，以细湿土覆盖，以不见种子为宜，播种可视土壤墒情适量浇水，播后也可用地膜覆盖，以利提高地温，提早出苗，保持土壤温润，防止地面板结，出苗后可掀去地膜。

四、栽培技术要点

1. 中耕除草

车前幼苗前期生长较慢，应注意及时中耕除草，以免幼苗生长被杂草抑制。

2. 间苗

当幼苗 2 ~ 3 片真叶时进行间苗，一般按 50 厘米株距留苗。若土壤肥力充足，适当密植可提高产量。

五、肥水管理要点

幼苗 1 ~ 2 片真叶时浇 1 次水，以后每 7 ~ 10 天浇 1 次水，保持土壤湿润，长至 3 ~ 4 片真叶时，可适当控水，以促进其根系发育。北方因天气干燥，需注意浇水，并结合浇水追肥，一般间苗后应追肥 1 次，每亩可施尿素 7 ~ 8 千克，以促进幼苗生长。春季随温度升高，车前生长量加大，需肥、需水量增加，必须供给充足肥水。保持土壤湿润，浇水均匀。结合浇水每亩施尿素 10 千克。

第三节　车前的主要病虫害 防治要点

一、病害防治

1. 常见病害

（1）白粉病（图 17-3）　真菌性病害，主要为害叶片。病菌以闭囊壳在病残体上越冬。菌丝体生于叶两面，形成白色至污白色近圆形病斑。病斑大小变化大，有时互相融合，致病斑连成一片或布满叶面。10 月在白色至污白色粉斑上长出黑色小粒点，即闭囊壳。

图 17-3　白粉病症状

（2）褐斑病（图 17-4）　主要为害车前子的叶片、花序和花轴 3 部分。褐斑病的症状首先出现在生长绿嫩宽大的叶片上，有水渍状的淡灰色小点，然后扩大成圆形病斑，直径 5 ~ 6 毫米，褐色，中心灰褐或淡褐色，病斑上生有黑色小点，是病原菌的分生孢子器。病害严重时，病斑连成大块，全叶枯死，病斑穿孔。分生孢子器不仅侵染健叶，还

图 17-4　褐斑病症状

能使花序、花轴受侵变黑、枯死、折断，无法结籽而绝收。苗床和大田均可发生，4 ~ 5 叶期开始发病，抽穗至结实期盛发，往往在数天内迅速蔓延流行，是一种难治的病害。其发病时间较长，前一年 10 月中、下旬移栽以后开始至第二年 4 月底、5 月初都可发病，3 月、4 月多雨季节是发病高峰期，抽穗开花前后是病害流行期。

2. 防治方法

（1）白粉病　①进行配方施肥，适当增加磷、钾肥，使植株健壮生长，增强抗病力；②及时清洁田园卫生，将病残体带至田外深埋或烧毁；③药剂防治：使用 50% 硫黄·多菌灵可湿性粉剂，每亩用 125 ~ 150 克进行喷雾，每季作物最多使用 3 次；必要时可喷 400 克 / 升氟硅唑乳油，每亩用 7 500 ~ 8 500 倍液，发病初期施药 1 次，每季作物最多使用 1 次。

（2）褐斑病　①避免连作，实行换茬轮作，减少土壤传染源；②发病残株应集中堆沤或深埋入土，并用石灰消毒处理，播种前进行种子处理晒种后，用

50% 多菌灵粉剂拌种，用药量和种子比例为1：20，药剂拌种后再加适量细土或潮泥沙拌和后播种；③施磷、钾肥，苗床每亩施腐熟农家粪肥2 000～2 500千克、复合肥15千克，过磷酸钙25千克，有良好的防病效果，移栽田的氮肥也以农家肥为主，每亩腐熟的猪、牛粪或人粪2 500千克撒施后耕耙，与土壤充分混合，每亩条施或穴施复合肥20千克、磷肥30千克，冬前每亩施火土肥1 000～1 500千克；④注意清沟排水，防治渍害，有明显的预防作用；⑤药剂防治：使用80% 多菌灵可湿性粉剂，每亩用800～1 000倍液进行喷雾，每季作物最多使用3次；或使用70% 甲基硫菌灵可湿性粉剂，每亩用25～33克进行喷雾，每季作物最多使用4次；或使用400克/升氯氟醚菌唑悬浮剂，稀释3 000～6 000倍进行喷雾，间隔15天施药1次，连续施药3次，每季作物最多使用3次。

二、虫害防治

1. 常见虫害

蜗牛　幼卵、幼贝食量较小，仅食叶肉留下表皮，成贝以齿舌刮食叶茎，造成空洞或缺刻，严重者咬断幼苗，造成缺苗断垄（图17-5）。蜗牛以成贝或幼贝在菜田、灌木丛及作物根部、草堆、石块下及房屋前后等潮湿阴暗处越冬。蜗牛的发生与雨量有很大关系，若前一年9—10月雨量较大，第二年春季雨量多且温度较高，则会大发生。

图17-5　蜗牛为害状

2. 防治方法

一是地膜覆盖；

二是及时清理残株，铲除田间、地头、沟边等处的杂草。及时中耕，排除积水等，借以破坏蜗牛的栖息和产卵场所；

三是秋季或初冬深翻地，使部分蜗牛暴露在地面冻死或被天敌啄食，卵被晒爆裂；

四是利用树叶、杂草、菜叶等在菜田做成诱集堆，天亮后集中捕捉，雨后天晴除草、松土、捕杀部分蜗牛；

五是利用天敌进行捕杀，蜗牛的天敌有步甲、沼蝇、蛙、蜥蜴等；

六是药剂防治：在沟边、地头或作物间撒生石灰，每亩用5～7.5千克生石灰粉或茶枯粉3～5千克，撒在作物附近，可防止蜗牛进入为害。使用6% 四聚乙醛颗粒剂，每亩用400～544克撒施；或使用5% 四聚·杀螺胺颗粒剂，每亩用500～600克进行撒施，每季作物最多使用2次。

第十八章 桔梗 [*Platycodon grandiflorus* (Jacq.) A. DC.]

第一节 桔梗的识别与生长习性

一、识别特点

桔梗（图 18-1、图 18-2）为多年生草本植物，全株有白色乳汁。主根纺锤形，长 10 ~ 15 厘米，几无侧根；外皮浅黄色，易剥离。茎直立，高 30 ~ 120 厘米，光滑无毛，通常不分枝或上部稍分枝。叶 3 ~ 4 片轮生、对生或互生，无柄或柄极短；叶片卵形至披针形，长 2 ~ 7 厘米，宽 0.5 ~ 3 厘米，先端渐尖，边缘具锐锯齿，基部楔形，下面被白粉。花单生于茎顶或几朵集成假总状花序；花萼钟状，先端 5 裂；花冠阔钟状，蓝色或蓝紫色。种子多数，卵形，有 3 棱，褐色。花期 7—9 月，果期 8—10 月。

图 18-2 桔梗种子

二、生长习性

桔梗喜凉爽、湿润的环境，20 摄氏度利于生长。耐寒，在北方当年播种的幼苗可忍受 -21 摄氏度低温。在北方露地，于 4 月上旬萌芽，6 月中旬开花，8—10 月可陆续收种子。桔梗对土壤要求不严，多为壤土、砂壤土、黏壤土及腐殖质壤土。但以排水良好、土层深厚、富含腐殖质的砂壤土为宜。要求阳光充足，但对弱光也有一定的适应性。忌积水，土壤水分过多则根部易腐烂。怕风害，大风易使植株倒伏。

第二节 桔梗的栽培技术要点

一、土壤准备

桔梗根系较深，而且以根为产品器官。定植前应深翻土地，同时每亩施腐

图 18-1 桔梗植株

熟的厩肥或堆肥 5 000 ～ 7 000 千克，过磷酸钙 20 千克，撒入地内，深耕细耙，做畦。有机肥必须腐熟，否则容易造成叉根。做畦方法根据气候、水分条件而定。华北地区通常用高畦栽培。可以加厚耕层，土壤松软，有利于肉质根的生长。

二、繁殖方式

桔梗采用种子繁殖，生长期 2 年；桔梗采用育苗移栽，生长期 1 年。

三、直播技术要点

直播桔梗根条直，叉根少，质量较育苗者好。播前对种子进行消毒、浸种、催芽等措施，可促进种子发芽，提高出苗整齐度，防止病害发生。种子消毒以药剂为主：先把种子浸水 10 分钟左右，再进行消毒处理，可以使用 350 克 / 升精甲霜灵种子处理乳剂［药种比为 1 :（1 250 ～ 2 500）］拌种，能防止苗期猝倒病；种子消毒也可采用高温消毒法，即采用 50 摄氏度水中，搅动至凉后，再浸泡 8 小时后捞出。桔梗种子细小，千粒重 1.5 克左右，发芽率 85% 左右，在温度 18 ～ 25 摄氏度、湿度足够的情况下，播后 10 ～ 15 天出苗。

直播又分冬播和春播，冬播于 11 月至第二年 1 月，春播于 3—4 月。以冬播较好，出苗早而整齐。冬播于 11 月初，在已经准备好的苗床上，按 10 厘米的行距开沟，沟深 2 ～ 3 厘米，播时将种子用潮湿细沙土拌匀（比例为 1 盆土拌 0.3 千克种子）撒入沟中，用扫帚轻扫一遍，以不见种子为度，稍作镇压，使种子与土壤充分接触，播种后经常保持土壤湿润，约 12 天可以出苗。浅沟，将种子撒入沟内，覆土盖平，然后镇压 1 次。上冻前浇 1 次冻水，第二年春出苗。春播北方地区在 4 月中旬，为使出苗整齐，种子必须处理。将种子置于 30 摄氏度温水中浸泡，浸泡 8 小时捞出，用湿布包上，放在 25 ～ 30 摄氏度的地方，上用湿麻片盖好，进行催芽，每天用温水冲滤一次。约 5 天时间，种子萌动即可播种。播种方法同冬播，长期保持土壤湿润，一般 15 天左右出苗。

四、栽培技术要点

1. 育苗

桔梗育苗移栽一般在 4—6 月均可，过早，由于桔梗苗小影响苗的质量，过晚，苗大影响移栽。具体方法：选择土地既不能在高坡也不能在低洼田块，最好选择排水良好、避风向阳的田块，土地要精耕细作，一般每亩施腐熟的厩肥或堆肥 400 千克，最好深翻 50 厘米以上，做成宽 1.3 米的畦，长度不限，耕耙整平，整好畦面，畦土要求湿润、松软、细碎，而后将桔梗种子拌好细土均匀地撒播，上面稍作镇压，覆盖杂草，保持土壤湿润，一般 10 ～ 12 天即可出苗，待出齐苗后，选择雨天除去覆盖物，以利幼苗生长。

2. 移栽

生长期 1 年。于当年秋冬季至第

二年春季萌芽前进行，选择1年生直条桔梗苗，大、小分级，分别栽植。栽植时，在整好的栽植地上，按行距19厘米开深25厘米的沟，然后将桔梗苗呈75度角斜插沟内，按6～8厘米株距，覆土压实，覆土应略高于苗头3厘米为度。

3. 间苗

在苗长4片叶、苗高1.5～2厘米时，间去过密和弱苗，6～8片叶、苗高3～4厘米时，按3～5厘米株距定苗。

4. 中耕除草

在干湿适宜时进行浅松土，以免干裂透风，造成死亡。桔梗出苗后，进行除草；夏季由于高温多雨，容易滋生杂草，应及时进行中耕除草，尤其在浇水2～3天后，及时中耕可以有效地清除杂草，保持土壤湿润，使土壤保持疏松状态，利于根的生长膨大。中耕同时，在桔梗根际培土，可有效地防止倒伏，利于土面充分见光和排水。

5. 排水

桔梗种植密度高，怕积水。因此，在高温多湿的梅雨季节，应及时疏沟排水，防止积水烂根。

6. 摘花

桔梗花期长达4个月，开花对养分消耗相当大，又易萌发侧枝。因此，摘花是提高桔梗产量的一项重要措施。

7. 采收

桔梗播种后第二、三年收获，于春天萌芽前或秋末地上部分干枯后收获，去茎、叶、泥土等杂物。

五、肥水管理要点

当幼苗苗高5～20厘米时，每亩追施过磷酸钙20千克，硫酸铵12千克。施肥方法采用沟施，在行间开沟，施入肥料，将肥料用土盖严，然后浇水。6—7月开沟，施入肥料，将肥料用土盖严，然后浇水。6—7月开花时，再追施粪稀1次。以后依据植株长势适当追肥，可有效促进生长，提高产量。

桔梗定植后到收获需要1～2年时间，生长期长。因其肉质根肥大需水较多，如长期缺水，会使产量及品质降低；反之水分过大，土壤缺乏氧气，根系吸收能力下降，呼吸困难，造成烂根。因此，需要供水均匀，防止忽干忽湿。雨季应及时防涝、排水，避免畦内积水。

第三节　桔梗的主要病虫害防治要点

一、病害防治

1. 常见病害

（1）紫纹羽病　真菌性病害，主要为害根部。受害根部表皮变红，后逐渐变为红褐色至紫褐色。7月下旬开始发病，8月上旬根皮密布网状红褐色菌丝，后期形成绿豆大小的紫褐色菌核，9月中旬为害严重，10月下旬根部腐烂只剩下空壳，地上部枯死。

（2）根腐病　为害根部，受害根部出现褐斑点，后期腐烂至全株枯死。

（3）白粉病（图18-3）　主要为害叶片。发病时，病株从隐蔽处枝叶、叶柄先发病，外部不易发现，待发现时已经很严重；叶面常覆满一层白粉状物，后期叶片两面及叶柄、茎秆上都生有污白色霉斑，后期在粉层中散生许多黑色小粒点，严重时全株枯萎。

图 18-3　白粉病症状

2. 防治方法

（1）紫纹羽病　①连作，进行合理轮作；严重时清除病株；②药剂防治，病穴用10%石灰水消毒，山地栽培可每亩施用100千克生石灰，减轻发病情况。

（2）根腐病　①药剂防治：使用60%铜钙·多菌灵可湿性粉剂，每亩用500～600倍液进行灌根，定植后20～30天开始灌根，半月左右第二次灌药，每季作物最多使用2次；②雨后注意排水，田间不宜过湿。

（3）白粉病　发病前或发病初期使用25%三唑酮可湿性粉剂，每亩用24～32克进行喷雾，每季作物最多使用2次。

二、虫害防治

1.常见虫害

（1）地老虎　1龄、2龄地老虎低龄幼虫主要咬食或咬断桔梗嫩茎并且在幼嫩叶的桔梗苗上取食，严重为害桔梗苗，而3龄以后的大龄幼虫主要在夜晚出来活动，通过将地面上的桔梗苗咬断，使得桔梗毁苗或者缺苗，直接对大田的桔梗移栽造成严重影响。

（2）根结线虫　9月发病严重。桔梗感染根结线虫后，发病初期植株地上部分症状表现不明显；发病严重时，地上部分表现生长不良、矮小、黄化、萎蔫，类似缺肥水或枯萎病症状，干旱或蒸发旺盛时，植株萎蔫。重病株拔起后会发现根茎或须根上长出瘤状根结，一般呈球状，绿豆或黄豆粒大小，剖开根结在显微镜下可见很多细小的乳白色线虫藏于其内，在根结之上可长出细弱的新根，再度感染形成根结肿瘤（图18-4）。

图 18-4　番茄上的根结线虫为害症状，与桔梗根结线虫为害症状相似

2. 防治方法

（1）地老虎　①田间管理，及时清理田园卫生，将田间地头、路旁的杂草及时铲除，带至园外沤肥或烧毁，冬季或春季深翻晒冬灌可减少越冬幼虫或蛹；②人工捕捉，发现断苗时，在清晨拨开断苗附近表土，可捉到幼虫，进行消灭；③药剂防治：在 2 ~ 3 龄幼虫期，85% 甲萘威可湿性粉剂，每亩用120 ~ 160 克进行喷雾，视虫害情况，间隔 7 ~ 10 天施药 1 次，可连续施药 3 次，每季作物最多使用 3 次；或使用 5% 辛硫磷颗粒剂，每亩用 4 200 ~ 4 800 克进行撒施，每季作物最多使用 1 次。

（2）根结线虫　合理轮作，加强田间管理，彻底处理病残体，减少传染源；整地时使用 42% 威百亩水剂，于播种前 20 天以上，每亩用 3 300 ~ 5 000 毫升进行沟施，并覆地膜熏蒸，熏蒸 15 天后去地膜翻耕透气 5 天以上再播种或移栽，每季作物最多使用 1 次；发病初期使用 75% 噻唑膦乳油，每亩用 200 ~ 267 毫升进行灌根，每季作物最多使用 1 次。

第十九章　茵陈蒿（*Artemisia capillaris* Thunb.）

第一节　茵陈蒿的识别与生长习性

一、识别特点

　　茵陈蒿（图 19-1、图 19-2）为半灌木状草本，植株有浓烈的香气。主根明显木质，垂直或斜向下伸长；根茎直径 5 ~ 8 毫米，直立，稀少斜上展或横卧，常有细的营养枝。茎单生或少数，高 40 ~ 120 厘米或更长，红褐色或褐色，

图 19-1　茵陈蒿植株

图 19-2　茵陈蒿种子

有不明显的纵棱，基部木质，上部分枝多，向上斜伸展；茎、枝初时密生灰白色或灰黄色绢质柔毛，后渐稀疏或脱落无毛。营养枝端有密集叶丛，基生叶密集着生，常成莲座状；基生叶、茎下部叶与营养枝叶两面均被棕黄色或灰黄色绢质柔毛，后期茎下部叶被毛脱落，叶卵圆形或卵状椭圆形，长 2 ~ 4 厘米（或 5 厘米），宽 1.5 ~ 3.5 厘米，二（至三）回羽状全裂，每侧有裂片 2 ~ 3 枚（或 4 枚），每裂片再 3 ~ 5 全裂，小裂片狭线形或狭线状披针形，通常细直，不弧曲，长 5 ~ 10 毫米，宽 0.5 ~ 1.5 毫米（或 2 毫米），叶柄长 3 ~ 7 毫米，花期上述叶均萎谢；中部叶宽卵形、近圆形或卵圆形，长 2 ~ 3 厘米，宽 1.5 ~ 2.5 厘米，（一至）二回羽状全裂，小裂片狭线形或丝线形，通常细直、不弧曲，长 8 ~ 12 毫米，宽 0.3 ~ 1 毫米，近无毛，顶端微尖，基部裂片常半抱茎，近无叶柄；上部叶与苞片叶羽状 5 全裂或 3 全裂，基部裂片半抱茎。头状花序卵球形，稀近球形，多数，直径 1.5 ~ 2 毫米，有短梗及线形的小苞叶，在分枝的上端或小枝端偏向外侧生长，常排成复总状花序，并在茎上端组成大型、开展的圆锥花序；总苞片 3 ~ 4 层，外层总苞片草质，

卵形或椭圆形，背面淡黄色，有绿色中肋，无毛，边膜质，中、内层总苞片椭圆形，近膜质或膜质；花序托小，凸起；雌花6～10朵，花冠狭管状或狭圆锥状，檐部具2（或3）裂齿，花柱细长，伸出花冠外，先端2叉，叉端尖锐；两性花3～7朵，不孕育，花冠管状，花药线形，先端附属物尖，长三角形，基部圆钝，花柱短，上端棒状，2裂，不叉开，退化子房极小。瘦果长圆形或长卵形。花果期7—10月。

二、生长习性

茵陈蒿对气候适应性强，较耐寒，10厘米地层温度达4摄氏度时就开始生长，最适生长温度为8～12摄氏度。冬季地上茎叶枯死，地下宿根可露地越冬。其生命力较强，抗旱耐涝，但开花期喜干燥。对土壤要求不严格，以排水良好、向阳而肥沃的砂壤土栽培为好。茵陈蒿对光照适应性强，但强光照易使植株老化。

第二节　茵陈蒿的栽培技术要点

一、土壤准备

由于茵陈蒿属于直根系，主侧根区分明显，主要根群分布在土壤表层，根系较浅。所以茵陈蒿种植前应普遍翻耕一遍，一般翻耕20～30厘米，翻地同时每亩施腐熟有机肥1 500～2 000千克及尿素30千克，与土壤混匀，翻入土中作基肥，将土地整细耙平待播。

二、繁殖方式

茵陈蒿大多采用种子繁殖。

三、栽培技术要点

茵陈蒿在我国北方地区春、夏、秋都能露地栽培，冬季可以在温室内栽培，生产中主要以春秋栽培为主。

1. 播种

春播，当土层10厘米地温回升到7～8摄氏度或以上时开始播种。早春温度低时，可用小拱棚保护。播前3～5天用温水浸种24小时，15～20摄氏度催芽，露白后撒播，每亩用种量为0.7～0.8千克，播后覆土1.5厘米左右。

秋播，于8—9月播种，播种前整平土地。用冷水浸种24小时在20摄氏度下催芽。条播行距10～15厘米，播幅5～6厘米，沟深1.0～1.5厘米。播后浇水或落水后撒播，每亩播种量为2.5～3.0千克。密植栽培时每亩播种量为3～4千克。秋延后保护地栽培比露地秋茬晚20～30天，幼苗在露地生长，当外界气温下降到12～15摄氏度时灌水追肥，然后扣棚。白天棚温升到25摄氏度以上时放顶风，夜晚棚温降到7～8摄氏度时，可增加覆盖物提高棚温，比露地可延迟15～20天收获。

2. 间苗及除草

一般6～7天可出苗，12片叶时疏苗，苗距约2厘米，并随时拔除杂草。

3. 温度控制

采用拱棚提前播种的茵陈蒿出苗前不放风，出苗后棚温保持在 17 ~ 20 摄氏度，超过 25 摄氏度时应及时通风，防止徒长。

4. 采收

株高 18 ~ 20 厘米时即可收获，一般采用割收，在植株基部留 2 ~ 3 叶处割收，以便割后基部发生侧枝。割后加强肥水管理；促进侧枝。以后可连续收割，直至开花。每亩产量为 1 000 ~ 1 500 千克。可一次性拔收或多次采收其嫩茎叶。

四、肥水管理要点

苗期应适当控水，以防湿度过大，发生猝倒病。8 片叶前一般不追肥浇水，以利于土壤升温。10 片叶后水肥齐攻，灌水后注意通风。株高 8 ~ 10 厘米进入生长旺盛期，加强肥水管理，每亩顺水追施硫酸铵 15 ~ 20 千克，保持土壤湿润。

第三节　茵陈蒿的主要病虫害防治要点

一、病害防治

1. 常见病害

菌核病　真菌性病害，主要为害植物的茎，病菌在病株残体或种子上越冬。发病初期，茎的中下部出现水渍状病斑，后逐渐变为灰白色。在潮湿的条件下，病部呈现软腐状，同时表面产生白色霉层。发病后期，发病部位的皮层霉烂成丝裂状，内有鼠粪状黑色菌核，有时茎表面也产生菌核。在干燥的条件下，病菌在土壤中可长期存活（图 8-4）。

2. 防治方法

一是在无病区或无病株上留种。播种前，种子用 10% 稀盐水浸洗，再用清水反复冲洗干净；

二是实行合理的轮作制度，与非豆科作物实行 3 年以上的轮作，与水生蔬菜或水稻实行轮作；

三是在发病严重的保护地，夏季高温季节可先灌水淹地，再密闭大棚，提高棚内温度，用高温高湿来杀死土壤中的菌核。播种前，先盖地膜后播种，及时清除田间病株、病残体，将其带出田外进行深埋或烧毁；

四是药剂防治：发病初期用 23.5% 异菌脲悬浮剂，每亩用 130 ~ 217 毫升进行喷雾，间隔 7 天施药 1 次，连续施药 2 次，每季作物最多使用 2 次；或使用 40% 菌核净可湿性粉剂，每亩用 100 ~ 150 克进行喷雾；或使用 50% 多菌灵可湿性粉剂，每亩用 150 ~ 200 克进行喷雾，间隔 7 天喷药 1 次，每季作物最多使用 2 次。

二、虫害防治

1. 常见虫害

蝼蛄（图 19-3）　成虫和幼虫均有破坏性，在土中咬食刚播种子的幼芽，咬断幼苗的根茎或咬成乱麻状，使幼苗倒伏，枯死。蝼蛄在土壤表层穿行形成隧道，使幼苗根部与土壤分离，使幼苗缺乏肥水而枯死。

图 19-3　蝼蛄

2. 防治方法

一是进行水旱轮作，精耕细作，施用充分腐熟的有机肥；

二是毒饵诱杀，用谷秕煮熟拌上90% 敌百虫，撒于畦面，包括播种沟内、蝼蛄活动的隧道处；

三是人工捕杀：早春，根据蝼蛄造成的隧道口查找虫窝进行捕杀；

四是药剂防治：1.5% 甲维·氟氯氰颗粒剂，每亩用 2 000 ~ 3 000 克进行撒施，每季作物最多使用 1 次。

第二十章 牛蒡（*Arctium lappa* L.）

第一节 牛蒡的识别与生长习性

一、识别特点

牛蒡（图 20-1、图 20-2）又叫山牛蒡、蒡翁菜、东洋参、牛菜、牛子、大力子、老母猪耳朵、黑萝卜、白肌人参。二年生草本，具有粗大的肉质直根，长15厘米，直径可达 2 厘米，有分枝支根。

图 20-1　牛蒡植株

图 20-2　牛蒡种子

茎直立，高达 2 米，粗壮，基部直径达2 厘米，通常带紫红或淡紫红色，有多数高起的条棱，分枝斜生，多数，全部茎枝被稀疏的乳突状短毛及长蛛丝毛并混杂以棕黄色的小腺点。基生叶宽卵形，长达 30 厘米，宽达 21 厘米，边缘稀疏的浅波状凹齿或齿尖，基部心形，有长达 32 厘米的叶柄，两面异色，上面绿色，有稀疏的短糙毛及黄色小腺点，下面灰白色或淡绿色，被薄茸毛或茸毛稀疏，有黄色小腺点，叶柄灰白色，被稠密的蛛丝状茸毛及黄色小腺点，但中下部常脱毛。茎生叶与基生叶同形或近同形，具等样的及等量的毛被，接花序下部的叶小，基部平截或浅心形。头状花序多数或少数在茎枝顶端排成疏松的伞房花序或圆锥状伞房花序，花序梗粗壮。总苞卵形或卵球形，直径1.5～2厘米。总苞片多层，多数，外层三角状或披针状钻形，宽约 1 毫米，中内层披针状或线状钻形，宽 1.5～3 毫米；全部苞近等长，长约 1.5 厘米，顶端有软骨质钩刺。小花紫红色，花冠长 1.4 厘米，细管部长 8 毫米，檐部长 6 毫米，外面无腺点，花冠裂片长约 2 毫米。瘦果倒长卵形或偏斜倒长卵形，长 5～7 毫米，宽 2～3

毫米，两侧压扁，浅褐色，有多数细脉纹，有深褐色的色斑或无色斑。冠毛多层，浅褐色；冠毛刚毛糙毛状，不等长，长达 3.8 毫米，基部不连合成环，分散脱落。花果期 6—9 月。

二、生长习性

牛蒡喜温暖湿润的气候，喜光，耐寒性、耐热性均较强。植株生长适温为 20 ~ 25 摄氏度，地上部在 3 摄氏度左右即冻死，但根部耐寒性强。种子发芽适温为 20 ~ 25 摄氏度，30 摄氏度以上和 15 摄氏度以上发芽率都明显降低。种子发芽喜光，吸水后置于光照条件下能促进发芽。牛蒡适于在土层深厚、排水良好、疏松肥沃的砂壤土上栽培，尤其是沿河两岸的冲积土或富含有机质的夜潮土最为适宜，不宜在过分黏重的土壤上种植；忌连作，长期连作，产量、质量均下降；适宜的 pH 值为 7 ~ 7.5；对水分的需要量较大，但不耐涝，在地下水位高的地块或积水 2 天以上的情况下，易腐烂或大量发生歧根。

第二节　牛蒡的栽培技术要点

一、土壤准备

育苗的床土应选向阳、温暖的地方，床土应是足够的厩肥或堆肥，并施适量的过磷酸钙。

二、繁殖方式

牛蒡用种子繁殖，可直播也可移栽，种子虽然有较强的休眠特性，但通过变温、硫脲等处理可以打破休眠。干旱地区没有灌溉条件或种子缺乏时采用育苗移栽方式。

三、栽培技术要点

1. 播种

牛蒡多采用直播方式，4 月上中旬播种。在垄顶开 3 厘米深的小沟，浇小水，水下渗后，将种子均匀撒在床面，覆土 2 厘米，稍加压实后经常保持床土湿润，也可以覆地膜防止地面板结，7 ~ 8 天可以出苗，每亩用种量 200 克。苗高 15 ~ 18 厘米时，6 月上中旬移栽到种植田。

2. 间苗

幼苗在 1 ~ 2 片真叶时进行第一次间苗，第二次在 2 ~ 3 片真叶时，按苗距 7 ~ 10 厘米定苗。除去劣苗及过旺苗，留大小一致的苗。早收获上市的留苗间距大一些，晚收获上市的适当密一些。

3. 中耕除草

牛蒡幼苗生长缓慢，苗期杂草较多，应及时中耕除草。封行前的最后一次中耕应向根部培土。

四、肥水管理要点

整个生长期可进行 3 次追肥，第一次在植株高 30 ~ 40 厘米时，在垄顶开沟追施尿素，每亩施 10 千克；第二次在植株旺盛生长时结合浇水撒在垄沟里，每亩施 8 ～ 10 千克尿素；第三次在肉质根膨大后，可用磷酸二铵 10 千克、硫酸钾 5 千克追施，最好打孔，把肥施入 10 ～ 20 厘米深处，然后封严孔洞，以促进肉质根迅速生长，达到高产优质。

第三节　牛蒡的主要病虫害防治要点

一、病害防治

1. 常见病害

（1）白粉病（图 20-3）　牛蒡白粉病为真菌性病害，主要为害叶片。该病多从种株下部叶片开始发生，后向上部叶片蔓延，整个叶片呈现白粉，致叶片黄化或枯萎。初在叶两面生白色粉状霉斑，扩展后形成浅灰白色粉状霉层平铺在叶面上，条件适宜时，彼此连成一片，致整个叶面布满白色粉状物，似铺上一层薄薄的白粉。

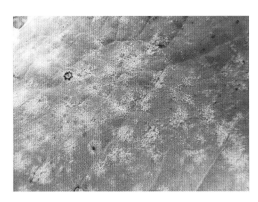

图 20-3　白粉病症状

（2）角斑病　牛蒡角斑病主要为害叶片，病斑近圆形 1 ～ 5 毫米，褐色至暗褐色，后期中心部分转为灰白色，潮湿时两面生淡黑色霉状物，即病原物的子实体。

（3）黑斑病　牛蒡黑斑病属真菌性病害，一般苗期发病重，主要为害叶片。发病初期，叶片及叶柄上出现灰白色至灰褐色圆形病斑，有时病斑上出现不规则轮纹。病斑扩展后，多个病斑连接成片，其周围有时产生黄色晕圈。湿度大时病斑上生有黑色茸毛状物，为分生孢子梗和分生孢子。叶柄受害时，病斑呈梭形，暗褐色，稍凹陷，隐约可见环纹。在潮湿条件下，病斑可轻度腐烂。发生严重时，多个病斑融合为不规则形（图 8-5）。

（4）轮纹病（图 20-4）　只为害叶片。叶片发病，初时在叶片上出现水浸状，褐色小斑点，后逐渐扩展成大小 2 ～ 12 毫米的圆形、近圆形病斑。病斑褐色，黑褐色，中央色稍浅，边缘不整齐，微具轮纹。后期病斑上生黑褐色小点。发病严重时，叶片布满病斑或病斑连片，致使病部暗褐色干枯，直至叶片死亡。

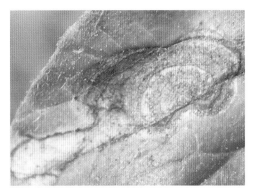

图 20-4　白菜上的轮纹病症状，与牛蒡轮纹病症状相似

2. 防治方法

（1）白粉病　发病初期使用 40% 丙硫菌唑·戊唑醇悬浮剂，每亩用 30 ~ 50 毫升进行喷雾，视病情发展情况，间隔 7 ~ 10 天可再施药 1 次，每季作物最多使用 2 次；或使用 15% 三唑酮可湿性粉剂，每亩用 60 ~ 80 克进行喷雾，每季作物最多使用 2 次；或使用 50% 硫磺·多菌灵可湿性粉剂，每亩用 125 ~ 150 克进行喷雾，每季作物最多使用 3 次；或使用 20% 己唑·壬菌铜微乳剂，每亩用 430 ~ 600 倍液进行喷雾，间隔 7 天施药 1 次，连续施药 2 ~ 3 次，每季作物最多使用 3 次；或使用 40% 氟硅唑乳油，稀释 7 500 ~ 8 500 倍进行喷雾，每季作物最多施药 1 次。

（2）角斑病　秋季清洁田园，彻底清除病株残体。在发病初期使用 80% 波尔多液可湿性粉剂，每亩用 55 ~ 60 克进行喷雾，间隔 7 ~ 10 天施药，每季作物最多使用 2 次；或使用 46% 氢氧化铜水分散粒剂，每亩用 40 ~ 60 克进行喷雾，间隔 7 ~ 10 天施药，每季作物最多使用 3 次。

（3）黑斑病　①收获后及时清除植株病残体，集中深埋或烧毁，发病重的地块秋后及时深耕；②实行轮作，选用健壮无病植株留种，以减少病菌来源；③种植密度不宜过大，使行间通风透光，植株生长健壮，增强抗病能力；④温水浸种，播前用 40 ~ 50 摄氏度温水浸种 3 小时，漂净秕子，后用湿纱布包好，置于 25 摄氏度条件下催芽，当种子发芽率高于 85% 时即播种，使幼苗苗壮生长，减少苗期染病；⑤药剂拌种，使用 40% 福美·拌种灵悬浮种衣剂进行药剂拌种，减轻苗期病害发生；⑥药剂防治：使用 70% 甲基硫菌灵可湿性粉剂，每亩用 300 ~ 700 倍液浸泡根部，每季作物最多使用 2 次；或于发病前或发病初期使用 77% 氢氧化铜可湿性粉剂，每亩用 150 ~ 200 克进行喷雾，间隔 7 ~ 10 天连施 2 ~ 3 次；或使用 25% 嘧菌酯悬浮剂，每亩用 20 ~ 30 毫升进行喷雾，每季作物最多使用 1 次。

（4）轮纹病　①使用无病种子，一般种子可用种子重量 0.4% 的 50% 福美双拌种；②增施粪肥，合理施用化肥，增施磷、钾肥，雨后排水；③重病地与非菊科蔬菜进行 2 年以上轮作；④发病初期及时摘除病叶，深埋或烧毁，以减少田间菌源；⑤药剂防治：80% 代森锰锌可湿性粉剂，每亩用 600 ~ 800 倍液进行喷雾，每季作物最多使用 3 次；或使用 80% 甲基硫菌灵水分散粒剂，每亩用 900 ~ 1 200 倍液进行喷雾，每季作物最多使用 2 次；或使用 86.2% 氧化亚铜可湿性粉剂，每亩用 2 000 ~ 2 500 倍液进行喷雾，每季作物最多使用 4 次；或使用 70% 代森锰锌可湿性粉剂，每亩用 467 ~ 700 倍液进行喷雾，视病害发生情况，间隔 7 天施药 1 次，可连续用药 2 ~ 3 次，每季作物最多使用 3 次。

二、虫害防治

1.常见虫害

（1）根结线虫　根结线虫寄生，导致细根肿胀，出现瘤状物（图 20-5）。

图 20-5　根结线虫为害状

（2）蚜虫（图 20-6）　牛蒡蚜虫多为黑色。蚜虫吸食汁液，引起叶片皱缩、黄化，甚至枯萎。

图 20-6　蚜虫

（3）蛴螬（图 20-7）　蛴螬咬食幼苗嫩茎，块根被钻成孔眼，当植株枯黄而死时，它又转移到别的植株继续为害。此外，因蛴螬造成的伤口还可诱发病害发生。

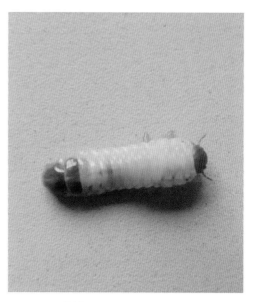

图 20-7　蛴螬

（4）地老虎　地老虎刚孵化的幼虫常常群集在幼苗上的心叶或叶背上取，把叶片咬成小缺刻或网孔状。3 龄幼虫后把幼苗近地面的茎部咬断，还常将咬断的幼苗拖入洞中，其上部叶片往往露在穴外，使整株死亡，造成缺苗断垄。

（5）银纹夜蛾　7—9 月幼虫为害叶片，以蛹越冬。幼虫咬食叶片成孔洞或缺刻，严重时叶片被吃光，只留叶脉。初龄幼虫常群集心叶背面，咬食叶下及叶肉，老熟幼虫在植株上做薄丝茧化成蛹，有假死性，抗药性强。

（6）二十八星瓢虫（图 20-8）二十八星瓢虫为害叶片只留下叶表皮，严重的叶片可透明，呈褐色枯萎，叶背只剩下叶脉。茎和果上也有细波状食痕。常发生于山间地带及其附近。6—7 月持续炎热时，7—8 月大量发生，为害严重。

图20-8　二十八星瓢虫

2.防治方法

（1）根结线虫　实行2～3年轮作，轮作是最简便有效的方法；在整地前使用0.5%阿维菌素颗粒剂，每亩用3 000～4 000克穴施或沟施，每季作物最多使用1次；或使用10%阿维菌素·噻唑膦水乳剂，每亩用437.5～500毫升进行灌根，每季作物最多使用1次。

（2）蚜虫　于蚜虫始盛期使用50%抗蚜威可湿性粉剂，每亩用10～18克进行喷雾，每季作物最多使用3次；或使用21%噻虫嗪悬浮剂，每亩用5～9毫升进行喷雾，每季作物最多使用1次。

（3）蛴螬　①合理安排茬口：前茬为豆类、花生、甘薯和玉米的地块常受蛴螬的严重为害，不宜使用；②秋末冬初，深翻土地：在为害严重的地块，可在秋末冬初深翻土地，使其被冻死、风干或被鸟类吃掉；③人工捕捉：在5—7月成虫大发生的时期，可在傍晚6—9时蛴螬取食交配时，直接人工捕捉成虫，可有效防治蛴螬产卵；④使用化肥抑虫：在

翻地时施用碳酸氢氨、氨水做底肥，其散发出的氨气，对蛴螬等地下害虫有一定的防治作用；⑤使用腐熟的厩肥：蛴螬成虫对未腐熟的厩肥有强烈趋性，常将卵产于其中，因此，有机肥用前一定要腐熟，以杀死虫卵和幼虫；⑥利用黑光灯诱杀：以灯光、趋化剂、性诱剂引诱成虫。

（4）地老虎　①捕杀幼虫：可在早晨扒开新被害植株周围的表层土捕捉幼虫，将其杀死；②药剂防治：直播或移栽前使用0.5%联苯菊酯颗粒剂，每亩用1 200～2 000克进行撒施，每季使用1次；或使用5%的辛硫磷颗粒剂，每亩用4 200～4 800克进行撒施，每季作物最多使用1次。

（5）银纹夜蛾　①利用幼虫假死性，人工捕捉幼虫；②药剂防治：在卵孵化盛期或尽可能在幼虫发育初期，使用10%虫螨腈悬浮剂，每亩用33～50毫升进行喷雾，间隔7～10天施药1次，每季作物最多使用2次；或使用5%氟铃脲乳油，每亩用60～75毫升进行喷雾，每季作物最多使用2次；或于低龄幼虫发生期使用3%溴氰·甲维盐微乳剂，每亩用25～30毫升进行喷雾，每季作物最多使用2次。

（6）二十八星瓢虫　田园附近不可堆放未消毒的杂草化酸浆及茄科作物，成虫有假死性；药剂防治：使用4.5%高效氯氰菊酯乳油，每亩用22～45毫升进行喷雾。

第二十一章　马兰（*Aster indicus* L.）

第一节　马兰的识别与生长习性

一、识别特点

马兰（图21-1、图21-2）别名马莱、马郎头、红梗菜、鸡儿菜、路边菊、田边菊、紫菊、蟛蜞头草、鸡儿肠、泥鳅串、狗节儿、寒蒿等。多年生草本。根

图 21-1　马兰植株

图 21-2　马兰种子

状茎有匍枝，有时具直根。茎直立，高30～70厘米，上部有短毛，上部或从下部起有分枝。基部叶在花期枯萎；茎部叶倒披针形或倒卵状矩圆形，长3～6厘米，宽0.8～2厘米，顶端钝或尖，基部渐狭成具翅的长柄，边缘从中部以上具有小尖头的钝或尖齿或有羽状裂片，上部叶小，全缘，基部急狭无柄，全部叶稍薄质，两面或上面有疏微毛或近无毛，边缘及下面沿脉有短粗毛，中脉在下面凸起。头状花序单生于枝端并排列成疏伞房状。总苞半球形，径6～9毫米，长4～5毫米；总苞片2～3层，覆瓦状排列；外层倒披针形，长2毫米，内层倒披针状矩圆形，长达4毫米，顶端钝或稍尖，上部草质，有疏短毛，边缘膜质，有缘毛。花托圆锥形。舌状花1层，15～20个，管部长1.5～1.7毫米；舌片浅紫色，长达10毫米，宽1.5～2毫米；管状花长3.5毫米，管部长1.5毫米，被短密毛。瘦果倒卵状矩圆形，极扁，长1.5～2毫米，宽1毫米，褐色，边缘浅色而有厚肋，上部被腺及短柔毛。冠毛长0.1～0.8毫米，弱而易脱落，不等长。花期5—9月，果期8—10月。

二、生长习性

马兰适应性很强,耐寒、耐热、耐旱、耐瘠薄。但生长在肥沃、湿润、疏松的土壤中产量高、品质佳。种子发芽适温20摄氏度。嫩茎叶10～15摄氏度开始生长,生长适温15～22摄氏度,32摄氏度高温仍正常生长。-12摄氏度也能安全越冬。花期5—9月,果期8—10月。

第二节　马兰的栽培技术要点

一、繁殖方式

马兰繁殖方式有种子繁殖、根茎繁殖、分株繁殖、扦插繁殖4种。但生产上用得较多的是种子繁殖、根茎繁殖和分株繁殖3种。

1. 种子繁殖

当年10月至第二年5月都适合播种,其中以春播最佳。撒播或条播均可。条播行距10～20厘米,开浅沟约1厘米,种子播在沟内,用焦泥灰覆盖并及时透水。撒播时直接将种子播在畦面,种子分布尽量均匀,播后立即覆盖一层草木灰或焦泥灰。一般7～11天就可出苗。

2. 根茎繁殖

一年四季都可进行繁殖,但以春、秋季节繁殖为最佳。将马兰的地下根茎,剪成10厘米长带有3～4个芽的种根,种根越粗越好。在畦面上按行距10～20厘米开好繁殖沟,再把种根放入沟内,种根的芽要朝上,须根要舒展,

同一段繁殖沟内放入2～3条种根,以保证成活率和根茎的繁殖数量。种根放好后马上覆土2～3厘米,再施一层焦泥灰,然后浇透水。

3. 分株繁殖

一年四季都可进行繁殖,但以春、秋季节繁殖为最佳。将采集到的马兰幼苗,按地上主茎2～3株为一丛分掰成种苗。每丛种苗地下根茎长5厘米左右,地上茎留2～5片叶片,多余部分剪去。株行距15厘米×20厘米或10厘米×10厘米。定植好后施一层薄薄的焦泥灰后浇透水。

二、肥水管理要点

肥料管理关键是施好4种肥:①基肥。整地时施入,每亩施鸡粪和废菌棒的混合有机肥3 000～5 000千克(两者各半);②种肥。在播种后或定植后施入,每亩用草木灰或焦泥灰施300千克左右;③封垄肥。在植株封垄前幼苗开始生长时进行,施稀薄人粪尿肥1～3次,以促使植株健壮生长,加快地下茎的扩展;④丰产肥。商品采收后,在畦面上均匀地施一层腐熟的猪粪、鸡粪等有机肥,每亩用量2～5千克,第一次采收后要及时施肥,以后几次视幼苗长势而定。

浇水选择早上和傍晚进行,一般在繁殖定植期、嫩芽发生期、幼苗生长期、畦面土壤开始发白以及发生干旱时进行灌溉或浇水。多雨季节或产地积水时要

通过沟渠及时排水。在营养生长期间，遇到多雨天气、空气湿度大，尤其是在低温高湿的时候，要加强通风，减少病害发生，提高马兰产量和质量。水分管理时土壤不能太湿，也不能太干，关键是使土壤经常保持湿润状态。

第三节　马兰的主要病虫害防治要点

一、病害防治

1. 常见病害

（1）灰霉病（图21-3）　由灰葡萄孢菌侵染所致的真菌病害，以菌核在土壤或病残体上越冬越夏，温度在20～30摄氏度，相对湿度在90%以上，易发生，花期最易感病，借气流、灌溉及农事操作从伤口、衰老器官侵入。主要为害马兰叶片，叶片受到为害后，正面或背面生白色或褐色斑点，病斑呈梭形或椭圆形。湿度大时，枯叶表面密生灰至绿色茸毛状霉，并伴有霉味。

图21-3　灰霉病症状

（2）白粉病（图21-4）　白粉病为真菌性病害。叶片正、反面着白色粉状霉斑，扩展后形成浅灰白色粉状霉层平铺在叶面上，条件适宜时，彼此连成一片，致整个叶面布满白色粉状物。

图21-4　白粉病症状

2. 防治方法

（1）灰霉病　①选择抗病品种；②适时通风降湿，是防治该病的关键；③清洁田园，及时清除病残体，防止病菌蔓延；④培育壮苗注意养茬；⑤药剂防治：于发病前或发病初期，使用40%嘧霉胺悬浮剂，每亩用63～94毫升进行喷雾，视病害发生情况，间隔7天施药1次，可连续用药1～2次，每季作物最多使用2次；或使用50%腐霉利可湿性粉剂，每亩用75～100克进行喷雾，每季作物最多使用3次。并注意交替使用。

（2）白粉病　使用50%甲基硫菌灵可湿性粉剂，稀释570～715倍进行喷雾，每季作物最多使用1次；或于发病前或发病初期使用15%三唑酮可湿性粉剂，每亩用70～80克进行喷雾，每季作物最多使用2次。

二、虫害防治

1.常见虫害

马兰常见虫害有蚜虫（图21-5），菜青虫（图21-6）和小菜蛾（图21-7）等虫害。

图21-5　蚜虫

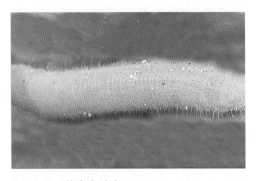

图21-6　菜青虫幼虫

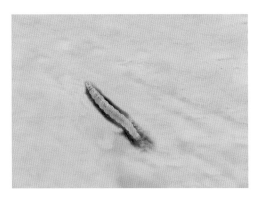

图21-7　小菜蛾幼虫

2.防治方法

（1）蚜虫　可用涂有10号机油的黄板来诱杀成蚜；用洗衣粉400～500倍液防治，每亩用液60～80千克，连喷2～3次；或在蚜虫始盛期使用100克/升氯氰菊酯乳油，每亩用10～20毫升进行喷雾，每季作物最多使用3次。

（2）菜青虫　于害虫低龄幼虫期，使用16 000国际单位/毫克苏云金杆菌可湿性粉剂，每亩用37.5～50克进行喷雾，间隔15天施药1次，可连续用药2～3次；或使用50克/升溴氰菊酯乳油，每亩用15～20毫升进行喷雾，每季作物最多使用3次。

（3）小菜蛾　使用8 000国际单位/毫克苏云金杆菌悬浮剂，每亩用125～150毫升进行喷雾，每季作物最多使用1次；或于小菜蛾卵孵盛期或低龄幼虫始盛期，使用360克/升虫螨腈悬浮剂，每亩用14～20毫升进行喷雾，每季作物最多使用1次。

第二十二章　蒲公英（*Taraxacum mongolicum* Hand.–Mazz.）

第一节　蒲公英的识别与生长习性

一、识别特点

蒲公英（图 22-1、图 22-2）别名黄花苗、黄花地丁、婆婆丁等，为菊科蒲公英属多年生宿根性草本植物。根略

图 22-1　蒲公英植株

图 22-2　蒲公英种子

呈圆锥状，弯曲，长 4 ~ 10 厘米，表面棕褐色，皱缩，根头部有棕色或黄白色的毛茸。叶成倒卵状披针形、倒披针形或长圆状披针形，长 4 ~ 20 厘米，宽 1 ~ 5 厘米，先端钝或急尖，边缘有时具波状齿或羽状深裂，有时倒向羽状深裂或大头羽状深裂，顶端裂片较大，三角形或三角状戟形，全缘或具齿，每侧裂片 3 ~ 5 片，裂片三角形或三角状披针形，通常具齿，平展或倒向，裂片间常夹生小齿，基部渐狭成叶柄，叶柄及主脉常带红紫色，疏被蛛丝状白色柔毛或几乎无毛。花葶 1 至数个，与叶等长或稍长，高 10 ~ 25 厘米，上部紫红色，密被蛛丝状白色长柔毛；头状花序直径 30 ~ 40 毫米；总苞钟状，长 12 ~ 14 毫米，淡绿色；总苞片 2 ~ 3 层，外层总苞片卵状披针形或披针形，长 8 ~ 10 毫米，宽 1 ~ 2 毫米，边缘宽膜质，基部淡绿色，上部紫红色，先端增厚或具小到中等的角状突起；内层总苞片线状披针形，长 10 ~ 16 毫米，宽 2 ~ 3 毫米，先端紫红色，具小角状突起；舌状花黄色，舌片长 8 毫米，宽 1.5 毫米，边缘花舌片背面具紫红色条纹，花药和柱头暗绿色。瘦果倒卵状披针形，暗褐色，

长4～5毫米，宽1～1.5毫米，上部具小刺，下部具成行排列的小瘤，顶端逐渐收缩为长约1毫米的圆锥至圆柱形喙基，喙长6～10毫米，纤细；冠毛白色，长约6毫米。花期4—9月，果期5—10月。

二、生长习性

蒲公英属短日照植物，高温短日照条件下有利于抽薹开花；较耐阴，但光照条件好，则有利于茎叶生长。适应性较强，生长不择土壤，但以向阳、肥沃、湿润的砂壤土生长较好；早春地温1～2摄氏度时即可萌发，种子在土壤温度15～20摄氏度时发芽最快，在25～30摄氏度以上时则反而发芽较慢，叶生长最适温度为15～22摄氏度。

第二节　蒲公英的栽培技术要点

一、繁殖方式

蒲公英用种子繁殖。成熟的蒲公英种子没有休眠期，种子采收后可当年播种，种子发芽适温为15～20摄氏度，所以从初春到盛夏都可进行播种。5月末采收种子后立即播种，从播种至出苗需10～20天。蒲公英可直播，也可用肉质根繁殖。

二、栽培技术要点

1.中耕除草

蒲公英出苗后半月，进行1次松土除草。床播的用小尖锄于苗间刨耕；垄播的用镐头在垄沟刨耕。以后每10天进行1次松土中耕。封垄后要不断进行人工除草。

2.定苗

蒲公英地上植株叶片大，管理时要充分考虑植株生长有一定的空间，不可贪恋密苗，影响生长。一般在出苗10天后即可定苗，株行距5～10厘米。

三、肥水管理要点

蒲公英生长期间要经常浇水，保持土壤湿润。蒲公英出苗后需要大量水分，因此，保持土壤的湿润状态，是蒲公英生长的关键。播种的蒲公英当年不能采收。入冬后，在床（垄）上每亩撒施有机肥2000千克，最好是腐熟的马粪。这样，既起到施肥作用，又可保护根系安全越冬。

第三节　蒲公英的主要病虫害防治要点

一、病害防治

1.常见病害

（1）白粉病（图22-3）　由子囊菌亚门真菌棕丝单囊壳侵染所致。病菌以闭囊壳随病残体留在土表越冬，第二年4—5月放射出子囊孢子，引起初侵染；田间发病后，产生分生孢子，通过气流传播，落到健叶上后，只要条件适宜，孢子萌发，以侵染丝直接侵入蒲公英表皮细胞，并在表皮细胞里吸取营养，菌丝匍匐于叶面。晚秋在病部再次形成闭

图 22-3　白粉病症状

囊壳越冬。主要为害叶片。初在叶面生稀疏的白粉状霉斑，一般不大明显，后来白粉斑扩展，霉层增大，到后期在叶片正面生满小的黑色粒状物，即病原菌的闭囊壳。

（2）枯萎病　初发病时叶色变浅发黄，萎蔫下垂，茎基部也变成浅褐色。横剖茎基部可见维管束变为褐色，向上扩展枝条的维管束也逐渐变成淡褐色，向下扩展致根部外皮坏死或变黑腐烂。有的茎基部裂开，湿度大时产生白霉。

（3）斑枯病　由半知菌亚门壳针孢属真菌，蒲公英生壳针孢，病菌以菌丝体和分生孢子器在病株残体上越冬；第二年春分生孢子随气流传播，引起初侵染。为害叶片，病斑近圆形，直径 2 ~ 5 毫米，中央淡褐色，边缘浅绿色或黑褐色；后期上生许多小黑点，为病原菌的分生孢子器，常造成叶片早枯。初于下部叶片上出现褐色小斑点，后扩展成黑褐色圆形或近圆形至不规则形斑，大小 5 ~ 10 毫米，外部有一不明显黄色晕圈。后期病斑边缘呈黑褐色。

2. 防治方法

（1）白粉病　①人工栽植蒲公英时，应合理施肥，避免偏施氮肥，适当增加磷、钾肥，促植株生长健壮，增强抗病力；②收获后要注意清洁田园，病残体要集中深埋或烧毁；③药剂防治：于发病前或发病初期，使用 50% 嘧菌酯水分散粒剂，稀释 2 000 ~ 3 000 倍进行喷雾，视病情情况，间隔期 7 ~ 10 天施药 2 ~ 3 次，每季作物最多使用 3 次；或使用 25% 三唑酮可湿性粉剂，每亩用 24 ~ 32 克进行喷雾，连续喷施 1 ~ 2 次，每季作物最多使用 2 次。

（2）枯萎病　①提倡施用酵素菌沤制的堆肥或腐熟有机肥；②加强田间管理，与其他作物轮作；③选择适宜本地的抗病品种；④选择宜排水的砂性土壤栽种；⑤合理灌溉，尽量避免田间过湿或雨后积水；⑥药剂防治：在发病前或发病初期，使用 50% 氢铜·多菌灵可湿性粉剂，每亩用 100 ~ 125 毫升进行喷雾，每季作物最多使用 3 次；或使用 50% 甲基硫菌灵悬浮剂，每亩用 60 ~ 80 克进行喷雾，每季作物最多使用 3 次；或使用 25% 络氨铜水剂，每株使用 0.8 ~ 1 克进行灌根，每季作物最多使用 3 次。

（3）斑枯病　①注意田间卫生，结合采摘收集病残体携出田外烧毁；②清沟排水，避免偏施氮肥，适时喷施植宝素等，使植株健壮生长，增强抵抗力；③药剂防治：发病初期使用 25% 咪鲜胺乳油，每亩用 50 ~ 70 毫升进行喷雾，间隔7～10天连续施药2～3次，每季作物最多使用3次；发病期使用10%苯醚甲环唑水分散粒剂，每亩用35～45克进行喷雾，每季作物最多使用3次。

二、虫害防治

1.常见虫害

（1）蚜虫（图22-4）　以卵在蒲公英周边的树木枝条缝隙越冬，也可以在周边多年生的植物根际越冬。一般为害期短，多在6月下旬至7月上旬，为害植株叶片，而不同年份、不同生长环境，蚜虫发生为害的程度不同。

图22-4　蚜虫

（2）短额负蝗　主要为害蒲公英的花蕾和叶片，成虫、幼虫都善于跳跃，短额负蝗取食蒲公英的时间常在上午10点前或傍晚时，其他时间则多在杂草或周边植物中隐藏。

（3）蝼蛄　蝼蛄不仅咬食植物叶片，还咬食根、茎。此外，蝼蛄在土下活动开掘隧道，使苗根和土壤分离，造

成幼苗干枯死亡，致使苗床缺苗断垄，育苗减产或育苗失败（图19-3）。

（4）地老虎　低龄幼虫在蒲公英的地上部为害，取食嫩叶，造成孔洞或缺刻；中老龄幼虫白天躲在浅土穴中，晚上出洞取食蒲公英近土面的嫩茎，使植株枯死，造成缺苗断垄。

2.防治方法

（1）蚜虫　用烟叶0.5千克、生石灰0.5千克、香皂少许，加水30千克，浸泡48小时过滤，制成烟草石灰水溶液，取汁喷洒，具有较好的灭蚜效果；于蚜虫始盛期，使用50%抗蚜威可湿性粉剂，每亩用10～18克进行喷雾，每季作物最多使用3次。

（2）短额负蝗　使用25克/升溴氰菊酯乳油，每亩用28～32毫升进行喷雾，每季作物最多使用3次；或于蝗虫3龄前，使用5%吡虫啉油剂，每亩用12～20毫升进行超低容量喷雾。

（3）蝼蛄　使用5%辛硫磷颗粒剂，每亩用4 200～4 800克进行地面撒施或定植前施入种植沟内，每季作物最多使用1次。

（4）地老虎　种植蒲公英的地块提前1年秋翻晒土、冬灌，以杀灭地老虎的卵、幼虫和越冬蛹；在成虫期，用糖醋液或杀虫灯，在清晨进行集中诱杀；或者使用5%氯虫苯甲酰胺悬浮剂，每亩用34～40毫升进行喷雾，每季作物最多使用2次。

第二十四章　黄精（*Polygonatum sibiricum Redouté*）

第一节　黄精的识别与生长习性

一、识别特点

黄精（图 24-1、图 24-2）别名黄鸡菜、鸡头参、鸡头黄精。百合科多年生草本，植株高 30～120 厘米。根状茎圆柱形，黄白色，横生，由数个形如鸡头状的部分连接而成为大头小尾状，抽生茎的一端较肥大，茎枯后留下圆形茎痕，形如鸡眼，茎根最粗可达 3 厘米，具有明显的节，节部生有少数须根。茎直立，常不分枝，上部稍有弯曲，圆柱形，基部暗红色。叶片多为 4、6 片轮生，少有 5、7 片叶轮生，叶片线状披针形，先端拳卷或向背面弯曲成钩状。花腋生，白色至淡绿色，下垂，花被聚合成筒状，上端具齿；雄蕊 6 枚，着生于花被筒中部，不外露；雌蕊 1 枚，柱头具白毛。浆果球形，成熟时为黑色。花期 5—6 月，果期 7—8 月。

图 24-1　黄精植株

图 24-2　黄精种子

二、生长习性

黄精幼苗能在露地越冬，喜潮湿，在干燥地区生长不良，栽培时应选湿润、背阴地块。土壤以土层深厚、肥沃且疏松，排水和保湿性能较好的砂壤土或黏壤土为好。太黏重或过于干燥以及瘠薄的地块不宜种植。

第二节　黄精的栽培技术要点

一、土壤准备

黄精是喜阴湿、性耐寒的植物，其幼苗能露地越冬。在干燥地区生长不良，但在湿润背阴的环境生长良好。因此，黄精的栽培田应选在有遮阳物、土层深厚、肥沃且疏松、排水和保水性能较好的土壤为宜。在土壤黏重或过于干旱以及瘠薄的地块均不适宜种植。地选好后，先深翻一遍，并结合整地每亩施入腐熟厩肥或堆肥2 000 ~ 2 500千克，深翻25 ~ 30厘米，与土壤混匀，翻入土中，作为基肥，然后整平耙细，做宽1.3米的高畦。开畦沟宽40厘米，并在四周做好排水沟。

二、繁殖方式

用根茎和种子繁殖，以根茎繁殖为主。

1. 根茎繁殖

晚秋或早春3月下旬，将地下根茎挖出，截成有2 ~ 3个节的小段，晾半天或1天，使伤口愈合，按行距20 ~ 25厘米开沟，沟深6厘米，按株距10 ~ 15厘米将种根放在沟内，覆土3 ~ 5厘米后浇水，使土壤保持湿润，15天左右即可出苗。秋末栽植，于上冻前浇一遍冻水，第二年春季出苗前保持土壤湿润。每亩用种根150千克左右。

2. 种子繁殖

8月采收种子，立即进行沙藏处理。种子1份，湿砂3份混合均匀，在背阴处挖30 ~ 40厘米深的坑贮藏。第二年春播种前取出种子，按行距10 ~ 13厘米开沟，沟深1 ~ 2厘米，将种子均匀撒入沟内，覆土后稍加镇压，浇水，保

持土壤湿润。当气温在15摄氏度左右时，15 ~ 20天出苗。苗高5 ~ 10厘米时，疏除弱苗和过密的苗，1年后移栽。春栽或秋栽，按行株距20厘米×150厘米挖穴，每穴栽苗1株，覆土浇水。每亩用种子1 ~ 1.5千克。

三、栽培技术要点

1. 种块选择处理

黄精种块的质量是影响黄精产量的重要因素，因此，在种植前应对种块进行严格挑选，并进行消毒处理，以保证发芽整齐、植株健壮，减少病虫害，种块应选择1 ~ 2年生健壮、无病虫害的植株，收获时挖取根状茎，选择白嫩、无损伤根状茎的先端幼嫩部位。用清水洗净泥土，晾干，再用50%乙醇或40%福尔马林100倍液进行表面消毒后截成数段，每段须具2节或3节。将茎段放在通风背阳处稍晾，待切口晾干收浆后立即栽种。春栽在3月下旬，秋栽在9—10月上旬进行。

2. 播种

黄精根状茎栽植一年内可有2次，即春播和秋播。春播在3月下旬，在整好的地面上按行距25 ~ 30厘米开横沟，沟深7 ~ 9厘米，将种块芽眼向上，按10 ~ 15厘米的株距均匀摆放入沟内，用拌有灶灰的细肥土覆盖5 ~ 7厘米，再盖细土使之与畦面齐平，栽后3 ~ 5天浇水1次，以利于成活，浇水后应及时松土，使土壤通风透气，利于出苗。

秋播时在9—10月将种块按春播的方法播入畦内，在土壤封冻前于畦面覆盖一层厩肥或堆肥，以利保暖越冬，第二年化冻后将粪块打碎、搂平，出苗前保持土壤湿润。

3. 中耕除草

黄精生长前期生长量小，容易滋生杂草，应经常中耕除草。一般每年4月、6月、9月、11月各进行1次，中耕应浅耕，以免伤及根茎。

4. 遮阳

栽培黄精必须有遮阳条件，否则黄精生长不良。因此，可在畦沟或田埂上间种玉米等高秆作物进行遮阳。

5. 采收

黄精生长期长，一般根茎繁殖的可于栽后2～3年收获；种子繁殖的可于栽后3～4年收获。采收期以晚秋地上部枯黄后至早春萌发前及时采挖为宜，根茎挖出后，去掉茎叶，抖去泥沙，削去须根和烂疤，用清水洗净后即可包装上市。

四、肥水管理要点

追肥在每年结合中耕除草进行。前3次中耕后每亩施入人畜粪尿1 500～2 000千克。第四次追肥在冬季进行，应重施，每亩施用土杂肥1 500千克，过磷酸钙50千克，饼肥50千克混合拌匀后，于行间开沟施入，施后覆土盖肥，进行培土。

黄精喜湿怕干，田间应经常保持湿润。遇干旱天气，要及时灌水。雨季要注意清沟排水，以免田间积水，使块茎腐烂。

第三节 黄精的主要病虫害防治要点

一、病害防治

1. 常见病害

（1）黑斑病 真菌性病害，主要为害叶片。受害叶片从叶尖开始出现不规则的黄褐色病斑。病斑边缘为紫红色，后从病斑逐渐向下蔓延，使叶片枯黄死亡。每年5月开始发病，雨季发病较为严重（图11-3）。

（2）叶斑病 为真菌性病害，主要为害叶片。受害叶片先从叶尖出现椭圆形或不规则形，外缘呈棕褐色，中间淡白色的病斑，从病斑逐渐向下蔓延，使叶片焦枯死亡。每年4—5月开始发病，雨季发病较为严重。

2. 防治方法

（1）黑斑病 ①农业防治：秋季收获后，及时清洁田园卫生，将枯枝病残体进行集中烧毁，以消灭越冬病原；②药剂防治：使用46%氢氧化铜水分散粒剂，每亩用1 000～1 500倍液进行喷雾，间隔7～10天施药，每季作物最多使用3次；或使用25%嘧菌酯悬浮剂，每亩用20～30毫升进行喷雾，每季作物最多使用1次。

（2）叶斑病　①农业防治：前茬收获后及时清洁田园，将枯枝病残体集中销毁，消灭越冬病原；②加强田间管理：适时做好中耕除草工作，平衡水肥，同时喷施新高脂膜保墒保肥，使植株苗壮生长，提高自身抗病力，适时喷施药材根大灵，促使叶面光合作用产物（营养）向根系输送，提高营养转换率和松土能力，使根茎快速膨大，药用含量大大提高，促使块茎生长肥大，提高产量；③药剂防治：发病前和发病初期，使用60%铜钙·多菌灵可湿性粉剂，每亩用75～100克进行喷雾，间隔7～10天后第二次施药，每季作物最多使用2次；或使用75%百菌清可湿性粉剂，每亩用100～127克进行喷雾，视病害发生情况，间隔7天施药1次，可连续用药2～3次。

二、虫害防治

1. 常见虫害

（1）蛴螬（图24-3）　主要为害地下根状茎，咬断幼苗根茎，造成幼苗死亡，或啃食根茎，造成孔洞，影响植株长势及质量。同时伤口处易侵染其他病原物。

图24-3　蛴螬

（2）地老虎　1龄、2龄幼虫喜食黄精心叶或嫩叶，咬成针状小洞；3龄后幼虫可咬断黄精嫩茎。低龄幼虫一般是昼夜活动，3龄后幼虫晚上或阴雨天气活动，白天潜入土中，晚上出来啃食黄精的幼根、嫩茎，造成缺苗。

2. 防治方法

（1）蛴螬　①农业防治：秋季或春季深翻地，将部分成虫或幼虫翻至地表，使其冻死、风干或被天敌捕食、寄生及机械死伤，多施富熟的有机肥，改良土壤结构，改善通透性，提供微生物生活的良好条件，使植物健壮生长，提高抗虫性，调整茬口，合理轮作；②灯光诱杀：成虫盛发期，每30 000米^{2}用40瓦黑光灯诱杀；③人工捕杀；④药剂防治：在成虫盛发期，使用0.5%噻虫嗪颗粒剂，每亩用12～15千克进行撒施，每季作物最多使用1次。

（2）地老虎　①田间管理：及时清理田园卫生，将田间地头、路旁的杂草及时铲除，带至园外沤肥或烧毁，冬季或春季深翻晒土，进行冬灌可减少越冬幼虫或蛹，施用粪肥要充分腐熟，最好用高温堆肥；②人工捕捉：发现断苗时，在清晨拨开断苗附近表土，可捉到幼虫；③用黑光灯或毒饵诱杀成虫；④药剂防治：使用5%辛硫磷颗粒剂，每亩用4 200～4 800克进行撒施，每季作物最多使用1次。

第二十五章　玉竹 [*Polygonatum odoratum* (Mill.) Druce]

第一节　玉竹的识别与生长习性

一、识别特点

玉竹（图25-1、图25-2）又叫尾参、铃铛菜、连竹。百合科多年生草本，高35～65厘米。根状茎圆柱形，黄白色，

图 25-1　玉竹植株

图 25-2　玉竹种子

肥大肉质，横生，直径0.5～1.5厘米，每年由地下茎端生长出单一茎。根状茎具明显的节，节间长，密生有多数细小的须根。茎单一，自一边倾斜，光滑无毛，具棱。单叶互生于茎的中部以上，叶柄短或几近无柄；叶片略革质，椭圆形或卵端长圆形，罕为长圆形，先端钝尖或急尖，基部楔形，全缘，上面绿色，下面带灰白色，有时仅在下面脉上呈乳头状粗糙，叶脉隆起。花腋生，单一或2朵花生长于长梗顶端；花被筒状，绿白色，先端6裂；雄蕊6枚，着生于花被筒的中央，花丝扁平，花药长圆形，黄色；子房上位，3室，头状柱头3裂。浆果球形，成熟后紫黑色。花期6—7月，果期7—9月。

二、生长习性

玉竹喜凉爽、潮湿、荫蔽的环境，耐寒，生命力较强，可在石缝中生长，多生长于山野阴湿处，林下及落叶丛中。以土层深厚，排水良好、肥沃的黄砂壤土或红壤土生长较好。生、熟荒山坡可种植，太黏或过于疏松的土均不宜种植。忌连作，以前茬为玉米、花生为好。

第二节　玉竹的栽培技术要点

一、土壤准备

玉竹生长期长，要求土壤具有良好的保水、保肥性。玉竹吸收的氮素75%以上来自于土壤，因此，选择供肥性好的土壤是取得高产的关键。通常于前茬作物收获后进行秋耕，一般深耕25～30厘米。冬季经雨雪风化，冻融交替，可改善土壤的物理性质，第二年解冻后细耙1～2遍，再将地面整平，播前即可整地做畦。玉竹一般采用高畦或平畦种植，南北走向，畦宽1.2～1.5米，长2米，高15～18厘米；平畦可做成1.5米×2米的畦为宜。整地时施基肥2 500～3 000千克。一般用圈肥、堆肥牛粪、人粪尿等。基肥集中施用较好，具体方法为沿种植沟的一侧开一小的施肥沟，然后将基肥施入沟中，将肥土充分混匀即可。

二、繁殖方式

玉竹主要采取种块繁殖的方法。

三、栽培技术要点

1. 选种

种块的大小对玉竹植株生长影响较明显，在一定范围内，育苗越早，植株越健壮，产量也越高。玉竹种块的选择应严格按其标准进行，一般选用茎块肥大、丰满、有光泽、白嫩、没有机械伤害、无病虫害的优质玉竹块茎作为种块。淘汰瘦弱、变色、伤害严重、发软的块茎。生产中种块重量多为35～50克，每亩用量为200～300千克。

2. 催芽

晾晒后将严格选择的种块用筐盛，并用麦秸或草苫等物覆盖，保持温度。将装有玉竹种块的筐放置在催芽室内，在空气相对湿度为80%～85%，温度15～25摄氏度下进行催芽。每天早晚各喷水1次，以保持室内空气湿润，一般20～30天，待幼苗长至1.5～2厘米，直径0.5厘米时即可播种。催芽温度高，出芽快，但幼苗弱、瘦、细长，栽培后生长势弱；催芽温度过低、出芽缓慢，为使芽健壮而出芽时间较短，催芽时应采用15～22摄氏度变温处理为宜。芽的大小及其健壮程度对玉竹的产量影响明显，大芽前期生长快，但中后期易早衰；小芽前期生长缓慢，但中后期生长旺盛，容易高产。芽的适度标准为（0.5～2.0）厘米×（0.5～1.0）厘米，幼苗粉红色、半早熟、顶端尖，芽的附近有根的突起，为适龄幼苗。

3. 种块消毒

种植前对种块进行表面消毒，可有效防止病害的发生。

4. 种植密度

种植密度与平均单株根茎重的乘积构成了玉竹的产量，其中，种植密度是构成产量的基础，而且也是影响产量的主要因素，合理的种植密度又因种块的大小、土壤肥力、环境条件因素而变化。一般情况下行距 30 ～ 40 厘米，低肥田种植密度为每亩 10 000 株，中肥田种植密度为每亩 12 000 株，高肥田密度为每亩 15 000 株。

5. 栽植

整地施肥开沟后，选晴暖天气进行播种，播前需按种植面积和现有种块量把玉竹种块掰成大小适宜的种块，与此同时再进行一次块选与芽选，每个种块保留一个短而壮的芽，少数较大种块也可保留 2 个，去除多余的弱芽，淘汰断面发褐的种块。

为保证玉竹田水分充足，播种后顺利出芽，播种时应先顺沟浇透水。播种多采用平播法，即按一定的株距，把种块芽按同一方向倾斜摆放于沟内，并将种块轻轻压入土中，使幼芽于土面平齐。为避免晒伤用湿细土覆盖幼芽及其种块，播种完毕后，搂平沟面；保证覆土厚度为 4 ～ 5 厘米。如果采用地膜覆盖，可将地膜支成 10 ～ 15 厘米高的小拱，一幅地膜能盖两沟。

6. 采收

收获可在春、秋两季分别进行，春季在玉竹出芽前收获；秋季在地上部分变黄枯萎后进行采收。收获前 3 ～ 4 天需浇水 1 次，以便收获时玉竹块茎可带潮湿泥土，有利于储藏。

7. 采收后种块处理

秋季玉竹地上部分枯萎变黄后，地下块茎要进行休眠。为打破玉竹块茎的休眠，可将玉竹块茎刨收后，在 0 ～ 5 摄氏度进行低温沙藏，一般 20 ～ 30 天可打破其休眠。种块在打破休眠后可进行晾晒，目的是防止催芽过程中发生腐烂，提高种块温度，促进幼芽发育。

四、肥水管理要点

玉竹除应重施基肥外，还需按需肥特点进行追肥。幼苗期每亩施硫酸铵 10 ～ 15 千克，也可用其他速效氮肥。开花期过后开始进入旺盛营养生长期，此时玉竹块茎开始肥大，需水需肥量增加，每亩可施豆饼 70 ～ 80 千克或优质厩肥 3 000 千克，另加复合肥或硫酸铵 15 ～ 20 千克，追肥可于玉竹苗一侧距植株 15 ～ 20 厘米处开沟施入，然后覆土封沟。

玉竹播种时必须浇透底水。为保证顺利发芽，出苗 80% 以前一般不再浇水，但应视土壤和墒情灵活掌握。砂壤土，应适当补水，出苗后应及时浇第一水，过晚则幼芽易受旱，芽尖容易干枯，第一水浇过后 2 ～ 3 天可再浇水，然后中耕保墒促进玉竹幼苗健壮生长。幼苗期生长缓慢，生长量少，需水不多，但由于根系弱小，吸水量少，以早晚浇小水为宜。若遇雨涝，应及时排水，进入旺盛生长期，后需水量加大，应保证水分充足，一般每 5 ～ 7 天浇 1 次水。使土壤保持湿润状态。

第三节　玉竹的主要病虫害防治要点

一、病害防治

1. 常见病害

叶斑病　是一种真菌性病害，主要为害叶片。先从叶尖出现椭圆形或不规则形边缘紫红的中间褐色的病斑，从病斑逐渐向下蔓延，使叶片成为淡白色，枯萎而死。多在夏秋开始发病，雨季发病较严重。

2. 防治方法

收获后及时清洁田园卫生，将枯枝病残体集中进行烧毁，消灭田园内越冬病原。在发病前及发病初期，使用25%戊唑醇可湿性粉剂，每亩用700 ~ 800倍液进行喷雾，每季作物最多使用3次；或使用50%丙环唑乳油，每亩用1 300 ~ 1 500倍液进行喷雾，视病害的发生情况，间隔10 ~ 15天再用1次药，每季作物最多使用2次。

二、虫害防治

1. 常见虫害

蛴螬（图25-3）　主要为害地下根状茎，咬断幼苗根茎，造成幼苗枯死，或蛀食根状茎，造成伤口或孔洞，使植株生长衰弱，影响产量和品质。此外，蛴螬造成的伤口使病菌易于侵染，进而诱发其他病害。

图25-3　蛴螬

2. 防治方法

一是秋季或春季深翻地；

二是改良土壤结构，改善通透性，使植物健壮生长；

三是调整茬口，合理轮作；

四是灯光诱杀；

五是人工捕杀；

六是在成虫盛发期，使用15%二嗪·敌百虫颗粒剂，每亩用480 ~ 660克进行撒施，每季作物最多使用1次。

第二十六章　薤白（*Allium macrostemon* Bunge）

第一节　薤白的识别与生长习性

一、识别特点

薤白（图 26-1、图 26-2），别名小根蒜、山蒜、苦蒜、小么蒜、小根菜、大脑瓜儿、野蒜、野葱、野薤。属百合

图 26-1　薤白植株

图 26-2　薤白种子

科、葱属植物。根色白，作药用，名薤白。鳞茎常单生，卵状至狭卵状，或卵状柱形，粗 0.7 ~ 2 厘米（或 2.5 厘米）；鳞茎外皮污黑色或黑褐色，纸质，顶端常破裂成纤维状，内皮有时带淡红色，膜质。叶三棱状条形，中空或基部中空，背面具 1 纵棱，呈龙骨状隆起，短于或略长于花葶，宽 2（或 1.5 毫米）~ 5 毫米。花葶中生，圆柱状，中空，高 30 ~ 70 厘米，1/4 ~ 1/2 被疏离的叶鞘；总苞单侧开裂或 2 裂，宿存；伞形花序球状，具多而极密集的花；小花梗近等长，比花被片长 2 ~ 4 倍，基部具小苞片；花红色至紫色；花被片椭圆形至卵状椭圆形，先端钝圆，长 4 ~ 6 毫米，宽 2 ~ 3.5 毫米，外轮舟状，较短；花丝等长，约为花被片长的 1.5 倍，锥形，无齿，仅基部合生并与花被片贴生；子房倒卵状球形，腹缝线基部具有帘的凹陷蜜穴；花柱伸出花被外。花果期 8 月底至 10 月。

二、生长习性

生于海拔 1 500 米以下的山坡、丘陵、山谷或草地上，极少数地区（云南和西藏）在海拔 3 000 米的山坡上也有。

除新疆、青海外，全国各省市区均产。俄罗斯、朝鲜和日本也有分布。

第二节　薤白的栽培技术要点

一、土壤准备

薤白喜欢较温暖湿润气候。以疏松肥沃、富含腐殖质、排水良好的壤土或砂壤土栽培为宜。

二、繁殖方式

用鳞茎或珠芽繁殖。春季或秋末挖取鳞茎，大的留作药用，小的留作繁殖材料。

三、栽培技术要点

1. 育苗

用当年的种子育苗移栽。一般在8月育苗，先将种子在50摄氏度水中泡4小时后，放在20摄氏度下催芽，当50%的种子萌动后即可播种。

2. 栽植

播种量75千克/公顷，播后覆土并且保温（20摄氏度）促出苗，出苗期要覆稻草，浇小水，可以提高出苗率。

3. 定植

早春土壤解冻后，4月施肥整地做畦，选根系小，叶直立的秧苗，按18厘米×1厘米的株行距试栽，每公顷45万株左右，深度以刚刚埋上小鳞茎为宜。

4. 培土

培土是实现薤白优质高产高效的一项关键技术措施，尤其是新发展的产区，更应强调后期培土。在薤白生长中期，地下鳞茎膨大迅速，如果暴露于表土，接触到空气，在阳光的照射下，暴露部分容易变绿，农户称为"绿籽"，"绿籽"食味差，直接影响到产品的商品性和经济效益。培土一般在小满前后进行，连续2～3次。将根茎部裸露的鳞茎全部深盖。

5. 后期管理

越冬前幼苗应长3～4片叶，苗高20～25厘米，假茎粗0.6厘米，苗龄90天左右，一般在10月中旬可将壮苗假植贮藏越冬，即在封冻前将秧苗挖出捆把，假植在20厘米深厚的土沟中，然后随天气渐冷而增加盖土，直到早春土壤解冻后开始定植。

四、肥水管理要点

浇水以不倒不漂为度。定植缓苗后要轻浇水，勤中耕以促耕生长，生长旺盛期则加大供水量。

第三节　薤白的主要病虫害防治要点

一、病害防治

1. 常见病害

（1）炭疽病　主要为害叶片和叶柄，也可为害花梗。病叶初为苍白色水浸状小斑点，近圆形，半透明，易穿孔；

后扩大为灰褐色，边缘为褐色并微凸起的圆斑，病斑中央为灰白色。叶柄梗斑长圆形或纺锤形至梭形凹陷，灰褐色，潮湿时病斑产生红色黏质物质。高湿多雨潮湿的天气，或种植地低洼，种植过密，偏施、过施氮肥等均易发病。

（2）叶斑病　病斑开始很小，赤褐色、褐色，近圆形。以后扩大为不规则形的较大病斑，灰褐色、黄褐色，边缘水渍状。潮湿条件下，病斑上产生黑色霉层，即病原菌的分生孢子梗和分生孢子等。茎部也可被侵染产生褐色病斑。因种子带菌而长出的幼苗可能发生腐烂，病苗子叶和幼茎上也可产生黑色霉层。

2. 防治方法

（1）炭疽病　①选用无病种子，进行种子消毒，与非十字花科作物隔年轮作；②合理施肥，增施磷钾肥，增强植株抗病力；③合理密植；④小水勤浇，避免田土过湿；⑤因地制宜适当调整播植期；⑥清除病残体后深翻；⑦药剂防治：使用50%多菌灵可湿性粉剂，每亩用333～500倍液进行喷雾，视病害发生情况，间隔14天左右施药1次，可连续用药2～3次，每季作物最多使用3次；或使用80%福美双可湿性粉剂，每亩用600～800倍液进行喷雾，每季作物最多使用3次；或70%代森锰锌可湿性粉剂，每亩用104～168克进行喷雾，每季作物最多使用3次。注意交替使用，摘菜前10～15天停止用药。

（2）叶斑病　发病前或发病初期，使用60%唑醚·代森联水分散粒剂，每亩用60～100克进行喷雾，间隔10～14天连续施药。每季作物最多使用3次；或使用10%苯醚甲环唑水分散粒剂，每亩用60～80克进行喷雾，每季作物最多使用3次；或使用500克/升异菌脲悬浮剂，每亩用60～90毫升进行喷雾，每季作物最多使用3次。

二、虫害防治

1. 常见虫害

（1）蓟马　成虫、若虫以锉吸式口器为害薤白的心叶、嫩芽，在叶组织表面形成许多不规则长条形黄白色坏死斑纹，严重时受害叶枯死（图4-4）。

（2）韭菜迟眼蕈蚊　幼虫为害鳞茎、幼根和根茎，影响薤白正常生长发育，或引起根茎腐烂而成片死亡。

2. 防治方法

（1）蓟马　害虫初盛期，使用70%吡虫啉水分散粒剂，每亩用4.5～6克进行喷雾，每季作物最多使用1次；或使用25%噻虫嗪水分散粒剂，每亩用15～20克进行喷雾，每季作物最多使用1次。

（2）韭菜迟眼蕈蚊　①实行冬灌，并在春天薤白萌发前，翻土晒根；②药剂防治：韭菜迟眼蕈蚊发生初期，使用4.5%高效氯氰菊酯乳油，每亩用10～20毫升进行喷雾，每季作物最多使用2次。

第二十七章　萱草 [*Hemerocallis fulva* (L.) L.]

第一节　萱草的识别与生长习性

一、识别特点

萱草（图27-1、图27-2）属百合科萱草属多年生草本植物，又名谖草。具短的根状茎和肉质、肥大的纺锤状块根。叶基生，条形，下面呈龙骨状突起。花葶常比叶短，或近与叶等长，不分枝

图 27-1　萱草植株

图 27-2　萱草种子

或具1～2很短的分枝。顶端密具2～4朵花；苞片大，膜质，卵形或矩圆状卵形，短渐尖；花橘黄色，花蕾时外面呈红色，开放时外轮裂片的背面仍带红色，无花梗或具极短的梗；花被长5～7厘米，下部1.5～2厘米合生成花被筒；裂片6片，具增行脉，倒披针形，外轮的宽约1厘米，内轮的宽约1.2厘米，盛开时略外弯；雄蕊伸出，上弯，比花被裂片短；花柱子伸出，伸直或略下弯，略短于花被裂片，蒴果近球形。

二、生长习性

萱草生于海拔较低的林下、湿地、草甸或草地上。性强健，耐寒，华北可露地越冬。适应性强，喜湿润也耐旱，喜阳光又耐半阴。对土壤选择性不强，但以富含腐殖质，排水良好的湿润土壤为宜。

第二节　萱草的栽培技术要点

一、土壤准备

萱草抗病性强，对土壤的适应性广，除过酸、过碱、过砂、过黏的土壤外一般都能栽培，pH值以6.5～7.5为

好。萱草对土壤要求虽然不严，但因栽后能生长多年，所以应重视栽植地的选择。最好是地下水位低的平地或水源、灌溉条件好的坡地，排水良好、土质疏松、土层深厚。新开荒地需使土壤充分风化，或施用有机肥以提高其有机质含量。选好苗床后，苗床要先施足底肥，床宽1.3～1.7米，长30米左右，两侧挖排水沟，土地要整平。

二、繁殖方式

分株分割萱草丛块是最常用的繁殖方法。该方法操作简单，植株容易存活，长势比较一致。分株可将母株丛全部挖出，重新分栽；或者是由母株丛一侧挖出一部分植株做种苗，留下的继续生长。分株多在春季萌芽前或秋季落叶后进行。春季分株移栽，当年即可抽薹开花；秋季分株移栽，第二年才能抽薹开花。移栽时应选用生长旺盛、花蕾多、品质好、无病虫害的植株。分株时挖取株丛的一部分分蘖作为种苗，挖取部分要带根，从短缩茎处割开，将老根、朽根和病根剪除，尽量保留肉质根，适当剪短（约留10厘米）后即可栽植。栽植应选在晴天进行，边挖苗、边分苗、边栽苗，尽量少伤根，这样缓苗快。一般2～3年分株一次，以保证植株旺盛的生长势。

三、栽培技术要点

1.育苗

从常绿萱草上采集的种子可直接播种，或者在室温下储存后播种。可将种子浸种催芽后露地播种育苗，每亩播种量为5～7千克，采用平地条播。按行距30厘米开沟，深约3厘米左右，每隔3～5厘米播一粒种子，盖一层细土，再薄铺一层细沙。等植株长出2～3片叶后，施稀薄人粪尿1次。越冬用小拱棚防寒，开春后加强田间管理，出苗前要浇水和除草，保持好土壤湿度，8月即可起苗移栽。

2.种植

因萱草分蘖能力强，栽植时株行距需保持40～50厘米。挖穴栽植，穴为三角形，栽3～5株。栽植不宜过深或过浅，过深分蘖慢，过浅分蘖虽快，但多生长瘦弱。一般定植穴深30厘米以上，施入基肥至离地面15～20厘米，栽后覆土压实。

四、肥水管理要点

每亩用500～600千克加人粪尿点施定苗，确保成活率。萱草抗旱能力较强，营养生长期需水量不大，因此，应该根据萱草各生长发育时期对水分的需要，再结合当地的气候、土壤、水源状况灌溉。新苗移栽后，需维持土壤持水量70%～80%，干旱及时浇水。苗期植株小，需水量也小。从生殖生长开始，需水量逐渐增大，如这时缺水，将影响生长。花蕾期必须经常保持土壤湿润，防止花蕾因干旱而脱落，一般每隔一周浇水1次。浇水要浇足、浇匀，以早晨和傍晚为好。7月、8月雨水量大，要排水防涝。入冬前应灌冻水,保证来年发苗早。

第三节　萱草的主要病虫害防治要点

一、病害防治

1. 常见病害

(1)锈病(图 27-3)　锈病为真菌性病害,是萱草中后期的主要病害,5月上旬开始发生,6—7月最为严重,直到10月以后才逐渐停止,为害叶片、花葶。叶片初产生少量黄色粉状斑点,后逐渐扩展到全叶,以致全株枯死。

图 27-3　锈病症状

(2)叶斑病(图 27-4)　由镰孢霉属真菌引起,是萱草苗期的主要病害,3月底至4月初开始发病,4月中下旬至5月中下旬是发病高峰。常发生在叶片主脉两侧的中部,穿孔后造成水分与养分运输中断,叶片尖端先行枯黄,最后全叶萎黄枯死。

图 27-4　叶斑病症状

(3)叶枯病　由刺盘孢属病源真菌引起。一般5月上旬开始发病,6月上中旬最为严重,主要为害叶片,也为害花葶。从幼苗时便发病,叶片中部边缘初产生水渍状小点,以后逐渐向上、向下蔓延,形成褐色条斑,最后至灰白色,严重时全叶枯死。

2. 防治方法

(1)锈病　发病前或发病初期,使用25%三唑酮可湿性粉剂,每亩用30 ~ 35克进行喷雾,每季作物最多使用2次;或使用50%叶菌唑水分散粒剂,每亩用9 ~ 12克进行喷雾,发病初期喷第一次药,间隔7 ~ 10天可再喷药1次,每季作物最多使用2次。

(2)叶斑病　在发病前或发病初期,使用25%戊唑醇可湿性粉剂,每亩用700 ~ 800倍液进行喷雾,每季作物最多使用3次;或使用50%丙环唑乳油,每亩用1 300 ~ 1 500倍液进行喷雾,视病害发生情况,间隔10 ~ 15天再用1次药,每季作物最多使用2次。

（3）叶枯病　使用10%苯醚甲环唑水分散粒剂，每亩用30～60克进行喷雾，每季作物最多使用2次；或使用8%井冈霉素A水剂，每亩用400～500毫升喷雾，在病害发生初期开始施药，间隔7～10天后再施药1次。

二、虫害防治

1. 常见虫害

（1）红蜘蛛　为细小而形似蜘蛛的红色虫子，主要在叶片背面刺吸汁液为害，被害处出现灰白色小点（图3-3）。

（2）蚜虫　主要发生在5月，先为害叶片，之后在花蕾上刺吸汁液，被害的花蕾瘦小，容易脱落（图9-3）。

（3）蜗牛　5—8月蜗牛对大花萱草的为害较为严重（图6-4）。

2. 防治方法

（1）红蜘蛛　使用94%矿物油乳油，每亩用200～300倍液进行喷雾，于红蜘蛛发生始盛期喷雾施药1次。

（2）蚜虫　使用25%噻虫嗪水分散粒剂，每亩用4～8克进行喷雾，每季作物最多使用1次。

（3）蜗牛　于蜗牛盛发期的傍晚，用生石灰粉、食盐水，或者使用80%四聚乙醛可湿性粉剂，每亩用40～50克进行喷雾。

第二十八章　忍冬（*Lonicera Japonica* **Thunb. in Murray**）

第一节　忍冬的识别与生长习性

一、识别特点

忍冬科植物忍冬（图 28-1、图 28-2）的干燥花蕾或带初开的花称为金银花。呈棒状，上粗下细，略弯曲，长 2～3 厘米，上部直径 3 毫米，下部直径 1.5 毫米，表面黄白色或绿白色，密被短柔毛。偶见叶状苞片，花萼绿色、先端 5 裂，裂片有毛，长约 2 毫米，开放者花冠筒状，先端二唇形，雄蕊 5，附于筒壁，黄色；雌蕊 1 个，子房无毛，气清香，味淡微苦。

图 28-1　忍冬植株

图 28-2　忍冬种子

二、生长习性

温带及亚热带树种，适应性很强，喜阳、耐阴、耐寒性强，也耐干旱和水湿，对土壤要求不严，但以湿润、肥沃的深厚砂质土壤上生长最佳，每年春夏两次发梢。根系繁密发达，萌蘖性强，茎蔓着地即能生根。喜阳光和温和、湿润的环境，生命力强，适应性广，耐寒，耐旱。在当年生新枝上孕蕾开花。对土壤要求不严，酸性、盐碱地均能生长。根系发达，生根力强，是一种很好的固土保水植物，山坡、河堤等处都可种植。在我国，北起东三省，南到广东、海南，东从山东，西到喜马拉雅山均有分布，故农谚讲："涝死庄稼旱死草，冻死石榴晒伤瓜，不会影响金银花"。在荫蔽处，生长不良。

第二节　忍冬的栽培技术要点

一、土壤准备

选择土层疏松，排水良好，靠近水

源的肥沃土壤，每亩施厩肥 3 000 千克，深翻 30 厘米以上，整成平畦。

二、繁殖方式

忍冬有种子繁殖法和扦插繁殖法。

1. 种子繁殖

秋季种子成熟时采集成熟的果实，置清水中揉搓，漂去果皮及杂质，捞出沉入水底的饱满种子，晾干贮藏备用。秋季可随来随种。如果第二年春播，可用砂藏法处理种子越冬，春季开冻后再插。在苗床上开沟，将种子均匀撒入沟内，盖 3 厘米厚的土，压实，10 天左右出苗。苗期要加强田间管理，当年秋季或第二年春季幼苗可定植于生产田。每亩播种量 1 ~ 1.5 千克。

2. 扦插繁殖

忍冬藤茎生长季节均可进行扦插繁殖。选择藤茎生长旺盛的枝条，截成长 30 厘米左右插条，每根至少具有 3 个节位，摘下叶片，将下端切成斜口，扎成小把，用植物激素 IAA500 毫克 / 千克浸泡一下插口，趁鲜进行扦插。株行距 150 厘米 ×150 厘米，挖穴，每穴扦插 3 ~ 5 根，地上留 1/3 的茎，至少有一个芽露在土面，踩紧压实，浇透水，1 个月左右即可生根发芽。也可将插条先育成苗，然后再移栽大田。

三、栽培技术要点

忍冬移栽应选在春季 3 月上中旬，秋季 8 月上旬至 10 月上旬。按行株距 1.5 米 ×1.5 米，挖穴；穴深宽视苗大小而定，穴底施肥土拌匀，半年至 1 年的幼苗每穴 5 ~ 8 株分散穴内，按圆形栽种；2 年左右大苗每穴 1 ~ 3 株分散穴内，按半月形栽种，填土压实浇水。此外，沟旁、田埂、荒地、房前屋后的空地均可种植。

四、肥水管理要点

栽植后的头 1 ~ 2 年内，是忍冬植株发育定型期，多施一些人畜粪、草木灰、尿素、硫酸钾等肥料。栽植 2 ~ 3 年后，每年春初，应多施畜杂肥、厩肥、饼肥、过磷酸钙等肥料。第一茬花采收后即应追适量氮、磷、钾复合肥料，为下茬花提供充足的养分。每年早春萌芽后和第一批花收完时，开环沟，浇施人粪尿、化肥等。每种肥料施用 250 克，施肥处理对忍冬营养生长的促进作用大小顺序为：尿素 + 磷酸二氢铵，硫酸钾复合肥，尿素，碳酸氢铵，其中尿素 + 磷酸二氢铵、硫酸钾复合肥、尿素能够显著提高忍冬产量，结合营养生长和生殖生长状况以及施肥成本，追肥以追施尿素 + 磷酸二氢铵（150 克 +100 克）或 250 克硫酸钾复合肥为好。

第三节　忍冬的主要病虫害防治要点

一、病害防治

1. 常见病害

（1）褐斑病（图 28-3）　主要为害植株叶片。发病初期叶片上出现黄褐色

图 28-3　褐斑病症状

图 28-4　白粉病症状

小斑，后期数个小斑融合在一起，呈圆形或受叶脉所限呈多角形的病斑。潮湿时，叶背面生有灰色的霉状物。在干燥时，病斑的中间部分容易破裂。病害发生严重时，叶片寿命缩短，提早枯黄脱落。病原真菌在病叶上越冬，第二年 5—6 月初夏产生的分生孢子开始借助风雨传播，所以该病多雨年份容易发生，而且靠近地面叶片因地表潮湿更容易发病，一般从叶背开始发病，遇到高温则病菌快速传播。发病高峰期一般在 7—8 月。

（2）白粉病（图 28-4）　主要为害叶片，有时也为害茎和花。叶上病斑初发时为白色小点，后扩展为白色粉状斑，后期整片叶布满白粉层，严重时叶片发黄变形甚至落叶；茎上部病斑褐色，不规则形状，上生有白粉；花扭曲，严重时脱落。病原菌以子囊壳于病残体上越冬，第二年温湿度适宜时以子囊释放子囊孢子进行初侵染，发病后病部又产生分生孢子进行再侵染。温暖干燥或株间荫蔽时易发病。施用氮肥过多、干湿交替发病重。

2. 防治方法

（1）褐斑病　①农业防治：发病初期及时摘除病叶，或冬季结合修剪整枝，将病枝落叶集中烧毁或深理土中；②加强田间栽培管理，雨后及时排出田间积水，清除植株基部周围杂草，保证通风透光；③增施有机肥料，提高植株自身的抗病能力；④药剂防治：于病害发生前或初见零星病斑时，使用 20% 嘧菌酯水分散粒剂，每亩用 90 ~ 120 克进行喷雾，视天气情况和病情发展，间隔 7 ~ 10 天施药 2 ~ 3 次，每季作物最多使用 3 次；或使用 80% 多菌灵可湿性粉剂，每亩用 800 ~ 1 000 倍液进行喷雾，每季作物最多使用 3 次。

（2）白粉病　①选育抗病品种，凡枝粗、节密而短、叶片浓绿而质厚、密生茸毛的品种，大多为抗病力强的品种；②合理密植，整形修剪，改善通风透光条件，可增强抗病力；③少施氮肥，多施用磷钾肥；④药剂防治：在发病初期，使用 30% 吡唑醚菌酯悬浮剂，每亩稀释 1 200 ~ 1 800 倍进行喷雾，间隔 10 ~ 15 天连续施药，每季作物最多使用3次；或使用10%苯醚甲环唑水分散粒剂，每亩稀释600～800倍进行喷雾，间隔7～10天施药连用3次，每季作物最多使用3次；或使用40%氟硅唑乳油，每亩稀释5 000～7 500倍进行喷雾，每季作物最多使用2次。

二、虫害防治

1.常见虫害

（1）中华忍冬圆尾蚜（图28-5）多集中于忍冬幼叶背面，主要吸汁为害嫩梢、嫩叶及花蕾，一般叶片受害背向萎卷，先叶脉变红褐色并逐渐扩展到脉缘叶肉，嫩梢和花蕾受害则萎缩不发，严重时受害部位萎蔫干枯，全株花蕾无收。一年发生20余代。以卵在忍冬枝条上越冬，偶见在忍冬裂皮缝隙中越冬，早春越冬卵孵化，清明前后（当气温升至10摄氏度左右）开始为害幼嫩叶，以后逐渐扩散4—5月严重为害忍冬，5—7月间严重为害伞形花科蔬菜和忍冬。夏天一般进行无性繁殖，温度增高，繁殖增快。天气干旱发生严重。10月发生有翅雌蚜和雄蚜由伞形花科植物向忍冬上迁飞。10—11月雌雄蚜交配，并产卵越冬。

（2）尺蠖（图28-6）　初龄幼虫在叶背啃食叶肉，使叶面出现许多透明小斑。3龄后蚕食叶片，使叶片出现不规则缺刻，5龄幼虫进入暴食阶段。为害严重时可把整株忍冬叶片和花蕾全部吃光，只剩枝条，若连续为害3～4年，可使植株干枯而死。一年发生3代，以

图28-5　中华忍冬圆尾蚜

图28-6　尺蠖幼虫

蛹在植株下面的1～2厘米深表土内越冬。第二年3月下旬至4月上旬，日平均气温达10摄氏度以上时开始羽化。4月中、下旬为羽化盛期。第一代幼虫发生期为4月上旬至6月中旬，成虫为6月上旬至7月中旬。第二代幼虫发生期为6月中旬至8月中旬，成虫为8月上旬至9月上旬。第三代（越冬代）幼虫发生期为9月中旬至第二年1月上旬，9月中、下旬老熟幼虫开始化蛹越冬。

2.防治方法

（1）中华忍冬圆尾蚜　①农业防治：及时铲除忍冬墩周围的杂草，清除老枝、枯枝，消灭越冬虫卵，减少虫源；

②夏季结合修剪，保持墩内通风透光，降低郁闭度；③田间可使用黄色粘虫板进行诱杀有翅蚜；④利用和保护天敌，如瓢虫、食蚜蝇、草蛉、捕食螨、蚜茧蜂等；⑤药剂防治：蚜虫发生初期，使用25%噻虫嗪水分散粒剂，每亩用6~8克进行喷雾；或使用10%烯啶虫胺水剂，每亩用10~20毫升进行喷雾；或使用20%啶虫脒可溶性粉剂，每亩用5~15克进行喷雾；每季作物最多使用2次；最后一次用药须在采摘前10~15天进行。

（2）尺蠖　①农业防治：冬季对忍冬植物进行修剪，以减轻生长期植物内部的荫蔽度，清除植株基部的枯叶，并浅耙花墩四周，使越冬蛹暴露于地面，人工消灭，可大大减轻第二年的为害，在其他各代的蛹期进行人工捉蛹，也可减轻为害；②物理防治：利用成虫的趋光性，每2万~3.3万米²安装1个频振式杀虫灯，可以减少成虫数量；③药剂防治：使用16 000国际单位/毫克苏云金杆菌可湿性粉剂，每亩用200~300克进行喷雾；或者使用5%甲氨基阿维菌素苯甲酸盐微乳剂，每亩用8~12毫升进行喷雾，在忍冬尺蠖幼虫3龄前开始施药，每季作物最多使用1次，应注意在采花前10天停止用药，以减少农药残留，保证药材质量。

参考文献

毕胜，张含波，李桂兰，2003.黄精的栽培 [J].特种经济动植物（11）：30-31.

曾云英，2012.江苏地区银杏栽培管理技术 [J].北方园艺（21）：66-68.

常纪良，2008.玉竹主要病虫害及综合防治措施 [J].特种经济动植物（5）：52-52.

陈玉胜，1993.益母草病虫害的发生与防治 [J].中药材，16（4）：11-12.

崔洪文，2011.保健野菜——益母草的科学栽培 [J].农家科技（10）：46-46.

高彻，2009.薄荷栽培技术 [J].北方园艺（13）：240-241.

龚小林，杜一新，雷沈英，2007.藿香栽培技术 [J].现代农业科技（19）：53-55.

谷兴杰，于跃东，刘玉良，2005.野生玉竹驯化栽培新技术的研究 [J].中国野生植物资源（3）：
    66-68.

顾昌华，梁玉勇，2006.玉竹高产栽培技术 [J].特种经济植物（5）：23-23.

胡凤莲，2009.薄荷机器栽培管理技术 [J].山西农业科学（3）：238-239.

胡加付，缪凯，董振辉，等，2009.枸杞病虫害的发生与防治研究 [J].现代农业科技（4）：101-
    102.

胡宇，周晓楠，2011.银杏树茎腐病及其防治措施 [J].现代农业（4）：33-33.

黄志亮，梁耿志，施永祜，等，2014.六种野生保健菜的种植技术 [J].农业与技术，34（3）：
    118-119.

姜建国，江锦红，2007.鱼腥草的栽培 [J].药用植物，10（41）：52-53.

靳来素，韩广辉，2010.辽东山区荚果蕨人工栽培技术 [J].中国林副特产，6（109）：42-43.

李大庆，夏忠敏，张忠民，2004.贵州省玉竹主要病虫种类调查及防治技术 [J].植物医生（5）：
    18-19.

李品汉，2003.益母草栽培技术 [J].农村实用技术（1）：13-14.

刘玉章，高景义，陈丽萍，等，2009.辽宁地区栽培玉竹常见病害及其防治 [J].特种经济动植物
    （5）：50-51.

楼枝春，2002.黄精 [J].国土绿化（8）：47-47.

田启建，赵致，2006. 贵州黄精 GAP 试验示范基地病虫害防治策略 [C]// 中国植物保护学会 . 中国植物保护学会 2006 学术年会论文集 . 北京：中国农业科学技术出版社：676-680.

王年强，唐世涛，2011. 兴安益母草人工栽培丰产技术 [J]. 中国农副特产（4）：61-62.

王跃兵，杨德勇，2009. 药用植物藿香在园艺园林中的应用及丰产栽培技术 [J]. 贵州农业科学，37（2）：18-20.

肖景义，庞静，宋文，等，2012. 银杏常见病虫害的发生与防治 [J]. 落叶果树，44（6）：33-35.

辛中尧，王香枝，王洪建，等，2013. 枸杞负泥虫生物学特性及防治 [J]. 林业实用技术（11）：40-42.

邢国进，王霞，冷华，2007. 藿香的营养成分利用和栽培技术 [J]. 中国林副特产（1）：40-42.

杨艳洲，2010. 紫苏栽培技术 [J]. 农业科技与信息（10）：12-13.

余启高，2009. 药食兼用——藿香人工栽培技术 [J]. 中国农技推广，25（10）：30-31.

余启高，梁频，2007. 鱼腥草优质高产栽培技术 [J]. 安徽农学通报，13（5）：175.

张隽生，钟瑞，张卫明，等，1997. 紫苏育苗及病虫害防治技术的研究 [J]. 中国野生植物资源（1）：42-43.

张征，韦日机，蓝惠国，2004. 病虫害的综合防治与生态农业建设 [C]// 广西青年学术年会 . 第三届广西青年学术年会论文集（自然科学篇）. 南宁：广西人民出版社：521-524.

赵宏，2008. 藿香栽培技术 [J]. 北京农业（7）：17.